职业教育
数字媒体应用人才培养系列教材

边做边学

Photoshop

图像制作案例教程

第2版 | Photoshop 2020

唐桂林 林慧瑜／主编

王琢 战赤峰／副主编

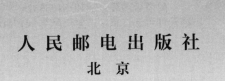

人民邮电出版社

北 京

图书在版编目（CIP）数据

边做边学：Photoshop图像制作案例教程：Photoshop 2020 / 唐桂林，林慧瑜主编. -- 2版. -- 北京：人民邮电出版社，2024.8
职业教育数字媒体应用人才培养系列教材
ISBN 978-7-115-64180-9

Ⅰ. ①边… Ⅱ. ①唐… ②林… Ⅲ. ①图像处理软件－职业教育－教材 Ⅳ. ①TP391.413

中国国家版本馆CIP数据核字(2024)第070470号

内 容 提 要

本书全面、系统地介绍 Photoshop 2020 的基本操作方法、图形图像处理技巧及 Photoshop 在不同领域的应用，包括 Photoshop 2020 基础知识、插画设计、Banner 设计、App 页面设计、H5 页面设计、海报设计、网页设计、包装设计等内容。

本书内容以案例为主线，通过案例的操作，学生可以快速熟悉软件功能。设计理念部分可以帮助学生了解设计思路；相关工具部分可以帮助学生深入学习软件操作技巧；实战演练和综合演练部分可以帮助学生提高应用能力，学以致用。第 9 章是综合设计实训，设有 5 个商业实战项目，旨在帮助学生拓宽设计思路，熟悉商业设计需求。

本书可作为高等职业院校数字媒体类专业平面设计课程的教材，也可作为 Photoshop 初学者的参考书。

◆ 主　　编　唐桂林　林慧瑜
　　副主编　王　琢　战赤峰
　　责任编辑　王亚娜
　　责任印制　王　郁　焦志炜

◆ 人民邮电出版社出版发行　北京市丰台区成寿寺路 11 号
　邮编　100164　电子邮件　315@ptpress.com.cn
　网址　https://www.ptpress.com.cn
　保定市中画美凯印刷有限公司印刷

◆ 开本：787×1092　1/16
　印张：14.25　　　　　　　　2024 年 8 月第 2 版
　字数：361 千字　　　　　　2024 年 8 月河北第 1 次印刷

定价：59.80 元

读者服务热线：(010)81055256　印装质量热线：(010)81055316
反盗版热线：(010)81055315
广告经营许可证：京东市监广登字 20170147 号

前 言

Photoshop 是由 Adobe 公司开发的图形图像处理和编辑软件。它功能强大、易学易用，已被广泛应用于各种设计领域。目前，我国很多职业院校的数字媒体类专业都将 Photoshop 列为一门重要的专业课程。本书由职业院校经验丰富的一线教师编写，从人才培养目标、专业方案等方面做好顶层设计，明确专业课程标准，强化专业技能培养，安排教材内容，并根据岗位技能要求，引入企业真实案例。

本书全面贯彻党的二十大精神，以社会主义核心价值观为引领，传承中华优秀传统文化，坚定文化自信。为使内容更好地体现时代性、把握规律性、富于创造性，我们根据当前职业院校的教学方向和教学特色，对本书的编写体系做了精心的设计：根据 Photoshop 在设计领域的应用方向来布置分章，主要内容按照"案例分析—设计理念—操作步骤—相关工具—实战演练—综合演练"顺序进行编排。本书在内容选取方面，力求细致全面、重点突出；在文字叙述方面，注意言简意赅、通俗易懂；在案例设计方面，强调案例的针对性和实用性。

为方便教师教学，本书提供书中所有案例的素材和效果文件，并配备微课视频、PPT 课件、教学大纲、教案等丰富的教学资源，任课教师可登录人邮教育社区（www.ryjiaoyu.com）免费下载。本书的参考学时为 60 学时，各章的参考学时参见下面的学时分配表。

章	内容	学时分配/学时
第 1 章	Photoshop 2020 基础知识	6
第 2 章	插画设计	8
第 3 章	Banner 设计	6
第 4 章	App 页面设计	6
第 5 章	H5 页面设计	6
第 6 章	海报设计	6
第 7 章	网页设计	6
第 8 章	包装设计	8
第 9 章	综合设计实训	8
学时总计		60

本书由唐桂林、林慧瑜任主编，王琢、战赤峰任副主编，参与本书编写的还有王浩、高祥和李培。由于编者水平有限，书中难免存在不足之处，敬请广大读者批评指正。

编者
2024 年 2 月

扩展知识扫码阅读

设计基础

认识形体　　　　透视原理

认识设计　　　　认识构成

形式美法则　　　点线面

基本型与骨骼　　认识色彩

认识图案　　　　图形创意

版式设计　　　　字体设计

>>>

设计应用

创意绘画　　　　图标设计

装饰设计　　　　VI设计

UI设计　　　　　UI动效设计

标志设计　　　　包装设计

广告设计　　　　文创设计

网页设计　　　　H5页面设计

电商设计　　　　MG动画设计

网店美工设计　　新媒体美工设计

目 录

目录

目 录

01

第 1 章
Photoshop 2020 基础知识

本章对 Photoshop 2020 的基础知识进行讲解，使读者对 Photoshop 2020 有初步的认识和了解，并掌握软件的基本操作方法，为之后的学习打下坚实的基础。

课堂学习目标

- 掌握工作界面的基本操作
- 掌握设置文件的基本方法
- 掌握图像的基本操作方法

素养目标

- 培养学生的自学能力
- 提高学生的计算机操作水平

1.1 界面操作

1.1.1 【操作目的】

通过"打开"命令熟悉菜单栏的操作，通过选择需要的图层了解控制面板的使用方法，通过新建文件和保存文件熟悉快捷键的应用技巧，通过移动图像掌握工具箱中工具的使用方法。

1.1.2 【操作步骤】

（1）打开 Photoshop 2020，选择"文件 > 打开"命令，弹出"打开"对话框。选择本书云盘中的"Ch01 > 01"文件，单击"打开"按钮，打开文件，如图 1-1 所示，显示 Photoshop 2020 的工作界面。在右侧的"图层"控制面板中单击"装饰"图层，如图 1-2 所示。

图 1-1

图 1-2

（2）按 Ctrl+N 组合键，弹出"新建文档"对话框，各选项的设置如图 1-3 所示。单击"创建"按钮，新建文件，如图 1-4 所示。

图 1-3

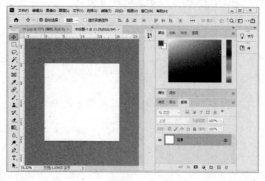

图 1-4

（3）单击"未标题-1"文件的标题栏，按住鼠标左键不放，将图像窗口拖曳到适当的位置，如图 1-5 所示。单击"01"文件的标题栏并按住鼠标左键不放，拖曳到适当的位置，使其变为浮动窗口，如图 1-6 所示。

图 1-5   图 1-6

（4）选择左侧工具箱中的移动工具 ⊕ ，将图层中的图像从 "01" 图像窗口拖曳到新建的图像窗口中，如图 1-7 所示。释放鼠标，效果如图 1-8 所示。

图 1-7   图 1-8

（5）按 Ctrl+S 组合键，弹出 "另存为" 对话框，在其中选择文件需要存储的位置并设置文件名，如图 1-9 所示。单击 "保存" 按钮，弹出提示对话框，单击 "确定" 按钮，保存文件。此时标题栏中会显示文件保存后的名称，如图 1-10 所示。

 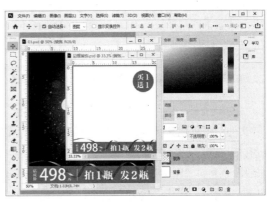

图 1-9   图 1-10

1.1.3　【相关工具】

1. 菜单栏及其快捷方式

熟悉工作界面是学习 Photoshop 的基础。掌握工作界面的相关知识，有助于初学者日后得心应手地使用 Photoshop。Photoshop 2020 的工作界面主要由菜单栏、属性栏、工具箱、控制面板和状态栏组成，如图 1–11 所示。

菜单栏：菜单栏中共包含 11 个菜单。利用菜单命令可以完成对图像的编辑，包括调整色彩、添加滤镜效果等操作。

属性栏：属性栏是工具箱中各个工具的功能扩展。通过在属性栏中设置不同的选项，可以快速地完成多样化的操作。

工具箱：工具箱中包含多个工具。利用不同的工具可以完成对图像的绘制、观察、测量等操作。

控制面板：控制面板是 Photoshop 的重要组成部分。通过不同的控制面板可以完成填充颜色、设置图层、添加样式等操作。

状态栏：状态栏可以提供当前文件的显示比例、文档大小、当前工具、暂存盘大小等信息。

图 1–11

◎　菜单

Photoshop 2020 的菜单栏中包括“文件”菜单、“编辑”菜单、“图像”菜单、“图层”菜单、“文字”菜单、“选择”菜单、“滤镜”菜单、“3D”菜单、“视图”菜单、“窗口”菜单及“帮助”菜单，如图 1–12 所示。

Ps　文件(F)　编辑(E)　图像(I)　图层(L)　文字(Y)　选择(S)　滤镜(T)　3D(D)　视图(V)　窗口(W)　帮助(H)

图 1–12

“文件”菜单包含新建、打开、存储、置入等文件操作命令。“编辑”菜单包含还原、剪切、复制、填充、描边等文件编辑命令。“图像”菜单包含修改图像模式、调整图像颜色、改变图像大小等图像编辑命令。“图层”菜单包含图层的新建、编辑和调整命令。“文字”菜单包含文字的创建、编辑和调整命令。“选择”菜单包含选区的创建、选取、修改、存储和载入等命令。“滤镜”菜单包含对图像进行各种艺术化处理的命令。"3D"菜单包含创建 3D 模型、编辑 3D 属性、调整纹理及编辑光线等命令。"视图"菜单包含对图像视图的校样、显示和辅助信息的设置等命令。"窗口"菜单包含排列、设置工作区及显示或隐藏控制面板的操作命令。"帮助"菜单则提供了各种帮助信息和技术支持。

◎ 菜单命令的不同状态

子菜单命令：有些菜单命令中包含更多相关的菜单命令，包含子菜单的菜单命令的右侧会显示黑色的三角形▸，单击这种菜单命令就会显示出其子菜单，如图 1-13 所示。

不可执行的菜单命令：当菜单命令不符合执行的条件时，就会显示为灰色，即不可执行状态。例如，在 CMYK 模式下，"滤镜"菜单中的部分菜单命令将变为灰色，不能使用。

可弹出对话框的菜单命令：当菜单命令后面有"..."时，如图 1-14 所示，选择此菜单命令，就会弹出相应的对话框，在此对话框中可以进行相应的设置。

图 1-13

图 1-14

◎ 隐藏菜单命令

用户可以根据操作需要显示指定的菜单命令。不经常使用的菜单命令可以暂时隐藏。选择"编辑 > 菜单"命令，弹出"键盘快捷键和菜单"对话框，如图 1-15 所示。

图 1-15

在"菜单"选项卡中，单击"应用程序菜单命令"选项中命令左侧的 ❯ 按钮，将展开详细的菜单命令，如图 1-16 所示。单击"可见性"选项下方的眼睛图标 👁，可将对应的菜单命令隐藏，如图 1-17 所示。

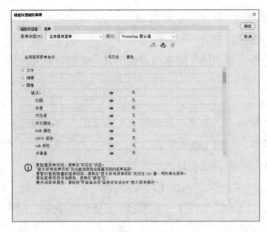 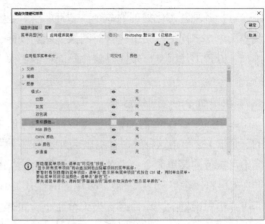

图 1-16　　　　　　　　　　　　　　　　　　图 1-17

　　设置完成后，单击"存储对当前菜单组的所有更改"按钮 🖳，保存当前的设置。也可单击"根据当前菜单组创建一个新组"按钮 🖳，将当前的修改创建为一个新组。隐藏菜单命令前后的对比效果如图 1-18 和图 1-19 所示。

图 1-18　　　　　　　　　　　　　　　　　　图 1-19

◎　突出显示菜单命令

　　为了突出显示需要的菜单命令，可以为其设置颜色。选择"窗口 > 工作区 > 键盘快捷键和菜单"命令，弹出"键盘快捷键和菜单"对话框，在要突出显示的菜单命令后面单击"无"，在弹出的下拉列表中可以选择需要的颜色标注命令，如图 1-20 所示。可以为不同的菜单命令设置不同的颜色，如图 1-21 所示。设置颜色后，菜单命令的效果如图 1-22 所示。

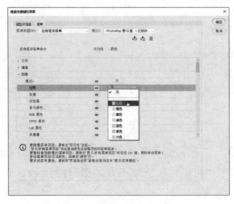

图 1-20

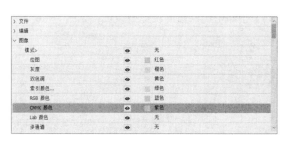

图 1-21　　　　　　　　　　　　　　　　图 1-22

 提示

如果要暂时不显示菜单命令的颜色，可以选择"编辑 > 首选项 > 常规"命令，在弹出的对话框中选择"界面"选项，然后取消勾选"显示菜单颜色"复选项。

◎　键盘快捷方式

使用键盘快捷方式：当要选择命令时，可以使用菜单命令旁标注的快捷键。例如，要选择"文件 > 打开"命令，直接按 Ctrl+O 组合键即可。

按住 Alt 键的同时，按菜单名称后面括号中的字母，可以打开相应的菜单，再按菜单命令后面括号中的字母，即可执行相应的命令。例如，要打开"选择"菜单，按 Alt+S 组合键即可，要想选择该菜单中的"色彩范围"命令，再按 C 键即可。

自定义键盘快捷方式：为了更方便地使用常用的命令，Photoshop 提供了自定义键盘快捷方式和保存键盘快捷方式的功能。

选择"窗口 > 工作区 > 键盘快捷键和菜单"命令，弹出"键盘快捷键和菜单"对话框，如图 1-23 所示。对话框下面的信息栏中说明了快捷键的设置方法，在"组"下拉列表中可以选择要设置快捷键的组合；在"快捷键用于"下拉列表中可以选择需要设置快捷键的菜单或工具；在下面的选项区域中可选择需要设置的命令或工具进行设置，如图 1-24 所示。

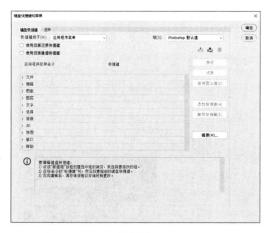

图 1-23　　　　　　　　　　　　　　　　图 1-24

设置新的快捷键后，单击对话框右上方的"根据当前的快捷键组创建一组新的快捷键"按钮，弹出"另存为"对话框，在"文件名"文本框中输入名称，如图 1-25 所示。单击"保存"按钮即可存储新的快捷键设置。这时，在"组"下拉列表中即可选择新的快捷键设置，如图 1-26 所示。

图 1-25   图 1-26

更改快捷键设置后，需要单击"存储对当前快捷键组的所有更改"按钮 对当前设置进行存储，单击"确定"按钮，应用更改的快捷键设置。要将快捷键的设置删除，可以在对话框中单击"删除当前的快捷键组合"按钮 ，Photoshop 2020 会自动还原为默认设置。

2．工具箱

Photoshop 2020 的工具箱包括选择工具、绘图工具、填充工具、编辑工具、颜色选择工具、屏幕视图工具和快速蒙版工具等，如图 1-27 所示。想要了解每个工具的具体用法、名称和功能，可以将鼠标指针放置在具体工具上，此时会出现一个演示框，显示该工具的具体用法、名称和功能，如图 1-28 所示。工具名称后面括号中的字母代表选择此工具的快捷键，只要在键盘上按该字母键，就可以快速切换为相应的工具。

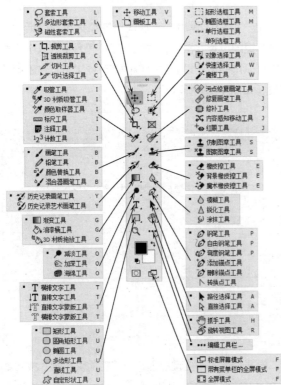

图 1-27   图 1-28

切换工具箱的显示状态：Photoshop 2020 的工具箱可以根据需要在单栏与双栏之间自由切换。当工具箱显示为单栏（见图 1-29）时，单击工具箱上方的双箭头图标 ▶▶，即可将其转换为双栏显示，如图 1-30 所示。

图 1-29   图 1-30

在工具箱中，部分工具图标的右下角有一个黑色的小三角形 ◢，表示在该工具下还有隐藏的工具。在工具箱中有小三角形的工具图标上按住鼠标左键不放，将弹出隐藏的工具，如图 1-31 所示。将鼠标指针移动到需要的工具图标上，单击即可选择该工具。

恢复工具的默认设置：要想恢复工具默认的设置，可以选择该工具后，在相应的工具属性栏中用鼠标右键单击工具图标，在弹出的菜单中选择"复位工具"命令，如图 1-32 所示。

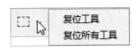

图 1-31   图 1-32

鼠标指针的显示状态：当选择工具箱中的某个工具后，鼠标指针就会变为相应的工具图标。例如，选择裁剪工具 ⌐⌐，图像窗口中的鼠标指针也随之显示为裁剪工具的图标，如图 1-33 所示。选择画笔工具 ✐，鼠标指针显示为画笔工具对应的图标，如图 1-34 所示。按 Caps Lock 键，鼠标指针转换为精确的十字形图标，如图 1-35 所示。

图 1-33   图 1-34   图 1-35

3．属性栏

当选择某个工具后，会出现相应的工具属性栏，可以通过属性栏对工具进行进一步的设置。例如，当选择魔棒工具 ✐ 时，工作界面的上方会出现相应的魔棒工具属性栏，可以应用属性栏中的各个选项对工具做进一步的设置，如图1-36所示。

图1-36

4. 状态栏

打开一幅图像时，图像的下方会出现一个状态栏，如图1-37所示。状态栏左侧的百分比是当前图像的显示比例。在显示比例区的文本框中输入数值可改变图像的显示比例。

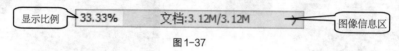

图1-37

状态栏的中间部分显示当前图像的文件信息，单击 〉按钮，在弹出的菜单中可以选择当前图像的其他相关信息进行显示，如图1-38所示。

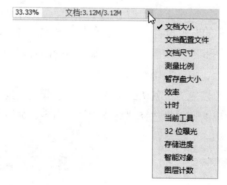

图1-38

5. 控制面板

控制面板是处理图像时一个不可或缺的部分。Photoshop为用户提供了多个控制面板组。

收缩与扩展控制面板：控制面板可以根据需要进行伸缩，控制面板的展开状态如图1-39所示。单击控制面板上方的双箭头图标 ▶▶，可以将控制面板收缩，如图1-40所示。如果要展开某个控制面板，可以直接单击其名称选项卡，相应的控制面板会自动弹出，如图1-41所示。

图1-39

图1-40

图 1-41

拆分控制面板：若需单独拆分出某个控制面板，可选中该控制面板的选项卡并向工作区拖曳，如图 1-42 所示，选中的控制面板将被单独拆分出来，如图 1-43 所示。

图 1-42

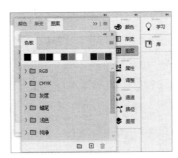

图 1-43

组合控制面板：可以根据需要将两个或多个控制面板组合到一个面板组中，以节省操作空间。要组合控制面板，可以选中外部控制面板的选项卡，将其拖曳到要组合到的面板组中，面板组周围会出现蓝色的边框，如图 1-44 所示，此时释放鼠标，控制面板将被组合到面板组中，如图 1-45 所示。

控制面板的弹出式菜单：单击控制面板右上方的 ☰ 图标，会弹出控制面板的相关命令菜单，应用这个菜单中的命令可以拓展控制面板的功能，如图 1-46 所示。

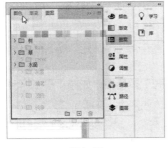

图 1-44

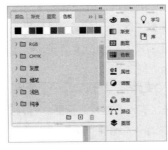

图 1-45

图 1-46

　　隐藏与显示控制面板：按 Tab 键，可以隐藏工具箱和控制面板；再次按 Tab 键，可显示出隐藏的工具箱和控制面板。按 Shift+Tab 组合键，可以隐藏控制面板；再次按 Shift+Tab 组合键，可显示出隐藏的控制面板。

> 按 F5 键可以显示或隐藏"画笔设置"控制面板，按 F6 键可以显示或隐藏"颜色"控制面板，按 F7 键可以显示或隐藏"图层"控制面板，按 F8 键可以显示或隐藏"信息"控制面板，按 Alt+F9 组合键可以显示或隐藏"动作"控制面板。

　　自定义工作区：用户可以依据操作习惯自定义工作区、存储控制面板及设置工具的排列方式，从而设计出个性化的 Photoshop 2020 工作界面。

　　设置完工作区后，选择"窗口 > 工作区 > 新建工作区"命令，弹出"新建工作区"对话框，如图 1-47 所示。输入工作区名称，单击"存储"按钮，即可将自定义的工作区进行存储。

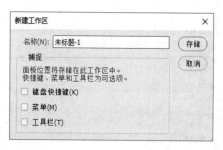

图 1-47

　　如果要使用自定义的工作区，可以在"窗口 > 工作区"子菜单中选择新保存的工作区名称。如果要恢复使用默认的工作区状态，可以选择"窗口 > 工作区 > 复位基本功能"命令进行恢复。选择"窗口 > 工作区 > 删除工作区"命令可以删除自定义的工作区。

 1.2　文件设置

微课

文件设置

1.2.1　【操作目的】

　　通过打开文件熟练掌握"打开"命令的使用，通过复制图像到新建的文件中熟练掌握"新建"命令的使用，通过关闭新建的文件熟练掌握"保存"和"关闭"命令的使用。

1.2.2　【操作步骤】

　　（1）打开 Photoshop 2020，选择"文件 > 打开"命令，弹出"打开"对话框，如图 1-48 所示。选择本书云盘中的"Ch01 > 02"文件，单击"打开"按钮，打开文件，如图 1-49 所示。

　　（2）在右侧的"图层"控制面板中选中"电视"图层，如图 1-50 所示。按 Ctrl+A 组合键全选图像，如图 1-51 所示。按 Ctrl+C 组合键复制图像。

图 1-48   图 1-49

图 1-50   图 1-51

（3）选择"文件 > 新建"命令，弹出"新建文档"对话框，各选项的设置如图 1-52 所示，单击"创建"按钮，新建文件。按 Ctrl+V 组合键，将复制的图像粘贴到新建的图像窗口中，如图 1-53 所示。

图 1-52   图 1-53

（4）单击"未标题-1"图像窗口标题栏右上角的"关闭"按钮，弹出提示对话框，如图 1-54 所示。单击"是"按钮，弹出提示对话框，如图 1-55 所示，单击"保存在您的计算机上"按钮，弹出"另存为"对话框，在其中选择文件的保存位置、格式和名称，如图 1-56 所示。单击"保存"按钮，弹出"Photoshop 格式选项"对话框，如图 1-57 所示，单击"确定"按钮，保存文件，同时关闭图像窗口。

图 1-54

图 1-55

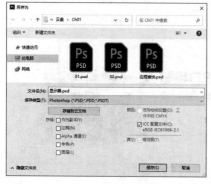

图 1-56

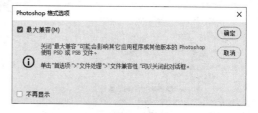

图 1-57

（5）单击"02"图像窗口标题栏右上角的"关闭"按钮，关闭打开的"02"文件。单击软件窗口标题栏右侧的"关闭"按钮可关闭软件。

1.2.3 【相关工具】

1．新建图像

选择"文件 > 新建"命令，或按 Ctrl+N 组合键，弹出"新建文档"对话框，如图 1-58 所示。根据需要单击上方的类别选项卡，选择需要的预设新建文档；或在右侧修改图像的名称、宽度、高度、分辨率和颜色模式等预设值，单击图像名称右侧的　　按钮，可新建文档预设。设置完成后单击"创建"按钮，即可完成图像的新建，如图 1-59 所示。

图 1-58

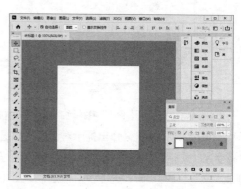

图 1-59

2.打开图像

如果要对图像进行修改和处理，则需要在 Photoshop 2020 中打开相应图像。

选择"文件 > 打开"命令或按 Ctrl+O 组合键，弹出"打开"对话框，在其中选择图像文件，确认文件类型和名称，如图 1-60 所示。单击"打开"按钮或直接双击文件，即可打开指定的图像文件，如图 1-61 所示。

图 1-60

图 1-61

> 提示
>
> 在"打开"对话框中也可以同时打开多个文件，只要在文件列表中将所需的多个文件同时选中，并单击"打开"按钮即可。在"打开"对话框中选择文件时，按住 Ctrl 键的同时单击文件，可以选择不连续的多个文件；按住 Shift 键的同时单击文件，可以选择连续的多个文件。

3.保存图像

编辑和制作完图像后，就需要对图像进行保存，以便下次使用。

选择"文件 > 存储"命令，或按 Ctrl+S 组合键，可以存储文件。当对编辑好的图像进行第一次存储时，选择"文件 > 存储"命令，将弹出提示对话框，如图 1-62 所示，单击"保存在您的计算机上"按钮，将弹出"另存为"对话框，如图 1-63 所示。在对话框中输入文件名并选择保存类型后，单击"保存"按钮，即可将图像保存。

图 1-62

图 1-63

提示 当对已存储过的图像文件进行各种编辑操作后，选择"存储"命令，将不弹出"另存为"对话框，系统直接保存最终确认的结果，并覆盖原始文件。

4．图像格式

当用 Photoshop 2020 制作或处理好一幅图像后，就要进行存储。这时，选择一种合适的文件格式就显得十分重要。Photoshop 2020 中有 20 多种文件格式可供选择，在这些文件格式中既有 Photoshop 的专用格式，也有用于在应用程序之间进行数据交换的文件格式，还有一些比较特殊的格式。

◎ PSD 和 PDD

PSD 格式和 PDD 格式是 Photoshop 的专用文件格式，能够支持从线图模式到 CMYK 模式的所有图像类型，但由于在一些图形处理软件中没有得到很好的支持，因此这两种格式的通用性不强。PSD 格式和 PDD 格式能够保存图像数据的细节部分，如图层、通道、蒙版等 Photoshop 对图像进行特殊处理的信息。在最终决定图像的存储格式前，最好先以这两种格式存储。另外，Photoshop 打开和存储这两种格式的文件比其他格式更快。但是这两种格式也有缺点，即它们所存储的图像文件所占用的存储空间较大。

◎ TIFF

TIFF 是标签图像格式。用 TIFF 存储图像时应考虑到文件的大小，因为 TIFF 的结构比其他格式更复杂。TIFF 支持 24 个通道，能存储多于 4 个通道的文件。TIFF 还允许使用 Photoshop 中的复杂工具和滤镜特效。TIFF 非常适合印刷和输出。

◎ BMP

BMP 格式可以用于 Windows 下的绝大多数应用程序。BMP 格式使用索引色彩，该格式图像具有极其丰富的色彩。BMP 格式能够存储黑白图、灰度图和 RGB 图像等。此格式一般在多媒体演示、视频输出等情况下使用。在存储 BMP 格式的图像文件时，还可以进行无损失压缩，以节省磁盘空间。

◎ GIF

GIF（Graphics Interchange Format）的图像文件占用的存储空间较小，可以压缩为 8 位的图像文件。正因为这样，一般用这种格式的文件来缩短图像的加载时间。如果在网络中传输图像文件，GIF 图像文件的传输速度要比其他格式的图像文件快得多。

◎ JPEG

JPEG（Joint Photographic Experts Group，联合图像专家组）格式既是 Photoshop 支持的一种文件格式，也是一种压缩方案，它是 Macintosh 上常用的一种存储类型。JPEG 格式是压缩格式中的"佼佼者"，与 TIFF 采用的无损压缩相比，它的压缩比例更大。但它使用的有损压缩会丢失部分数据，用户可以在存储前选择图像的最终质量，从而控制数据的损失程度。

◎ EPS

EPS（Encapsulated PostScript）格式是 Illustrator 和 Photoshop 之间交换数据的文件格式。用 Illustrator 软件制作出来的流畅曲线、简单图形和专业图像一般都存储为 EPS 格式，Photoshop 可以获取这种格式的文件。在 Photoshop 中也可以把其他图形文件存储为 EPS 格式，以便在排版类的 PageMaker 和绘图类的 Illustrator 等软件中使用。

◎ 选择合适的图像文件存储格式

用户可以根据工作任务的需要选择合适的图像文件存储格式，下面是不同格式图像的常见用途。

用于印刷：TIFF、EPS。

Internet 中的图像：GIF、JPEG。

用于 Photoshop 工作：PSD、PDD、TIFF。

5．关闭图像

将图像进行存储后，可以将其关闭。选择"文件 > 关闭"命令或按 Ctrl+W 组合键，可以关闭图像。关闭图像时，若当前图像被修改过或是新建的，则会弹出提示对话框，如图 1-64 所示，单击"是"按钮即可存储并关闭图像。

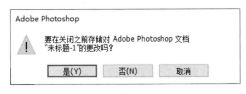

图 1-64

1.3 图像操作

微课

图像操作

1.3.1 【操作目的】

通过将窗口水平平铺掌握窗口排列的方法，通过缩小图像等操作掌握图像显示比例的调整。

1.3.2 【操作步骤】

（1）打开云盘中的"Ch01 > 03"文件，如图 1-65 所示。新建两个文件，并分别将景点 4 和景点 3 复制到新建的文件中，如图 1-66 和图 1-67 所示。

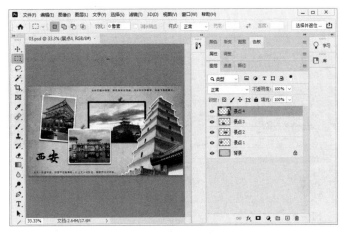

图 1-65

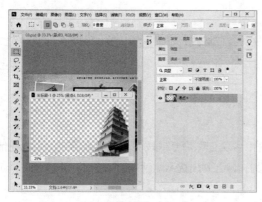

图 1-66

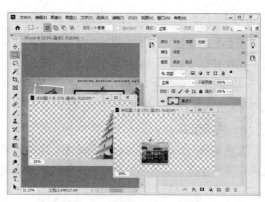

图 1-67

（2）选择"窗口 > 排列 > 平铺"命令，可将 3 个图像窗口在工作界面中平铺显示，如图 1-68 所示。单击"03"图像窗口的标题栏，选择"窗口 > 排列 > 在窗口中浮动"命令，使其显示为活动窗口，如图 1-69 所示。

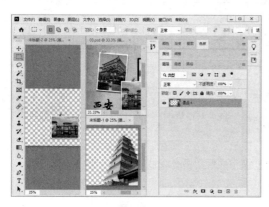

图 1-68

图 1-69

（3）选择缩放工具 ，按住 Alt 键的同时在图像窗口中单击可使图像缩小，如图 1-70 所示。若不按住 Alt 键，在图像窗口中多次单击可放大图像，如图 1-71 所示。

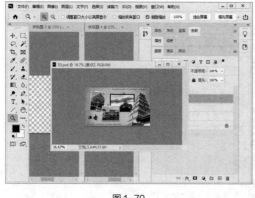

图 1-70

图 1-71

（4）双击抓手工具 ，将图像调整为适合窗口大小的形式显示，如图 1-72 所示。切换到"未标题-1"和"未标题-2"图像窗口，分别保存图像。

图1-72

1.3.3 【相关工具】

1．图像的分辨率

在 Photoshop 中，图像中每单位长度上的像素数目称为图像的分辨率，其单位为像素/英寸或像素/厘米。

在相同尺寸的两幅图像中，高分辨率的图像包含的像素比低分辨率的图像包含的像素多。例如，一幅尺寸为 1 英寸×1 英寸（1 英寸=2.54 厘米）的图像，其分辨率为 72 像素/英寸，则这幅图像包含 5184 像素（72×72＝5184）。同样的尺寸，分辨率为 300 像素/英寸的图像则包含 90000 像素。相同尺寸下，分辨率为 72 像素/英寸的图像效果如图 1-73 所示，分辨率为 10 像素/英寸的图像效果如图 1-74 所示。由此可见，在相同尺寸下，高分辨率的图像能更清晰地表现图像内容。

提示　如果一幅图像中包含的像素数是固定的，那么增加图像尺寸后会降低图像的分辨率。

图1-73

图1-74

2．图像的显示比例

使用 Photoshop 2020 编辑和处理图像时，可以通过改变图像的显示比例使工作更便捷、高效。

◎　100%显示图像

100%显示图像的效果如图 1-75 所示。在此显示比例下可以对图像进行精确的编辑。

图 1-75

◎ 放大显示图像

选择缩放工具 🔍，在图像中，鼠标指针变为放大图标 🔍，每单击一次，图像就会放大一倍。当图像以 100% 的比例显示时，在图像窗口中单击一次，图像则以 200% 的比例显示，效果如图 1-76 所示。

当要放大一个指定的区域时，选择放大工具 🔍，选中需要放大的区域，按住鼠标左键不放，选中的区域会放大显示并填满图像窗口，如图 1-77 所示。

图 1-76

图 1-77

按 Ctrl++ 组合键可逐次放大图像，如从 100% 的显示比例放大到 200%、300% 直至 400%。

◎ 缩小显示图像

缩小显示图像一方面可以用有限的界面空间显示更多的图像，另一方面可以看到一个较大图像的全貌。

选择缩放工具 🔍，在图像中鼠标指针变为放大工具图标 🔍，按住 Alt 键不放，鼠标指针变为缩小工具图标 🔍。每单击一次，图像将缩小显示一级。图像的原始效果如图 1-78 所示，缩小显示后的效果如图 1-79 所示。按 Ctrl+- 组合键可逐次缩小图像。

图 1-78

图 1-79

也可在缩放工具属性栏中单击缩小工具按钮🔍，如图 1-80 所示，此时鼠标指针变为缩小工具图标🔍，每单击一次，图像将缩小显示一级。

图 1-80

◎ 全屏显示图像

若要将图像窗口放大到填满整个屏幕，可以在缩放工具属性栏中单击"适合屏幕"按钮 适合屏幕 ，再勾选"调整窗口大小以满屏显示"复选框，如图 1-81 所示。这样在放大图像时，窗口就会和屏幕的尺寸相适应，效果如图 1-82 所示。单击"100%"按钮 100% ，图像将以实际像素比例显示。单击"填充屏幕"按钮 填充屏幕 ，将缩放图像以适应屏幕。

图 1-81

图 1-82

◎ 图像窗口显示

当打开多个图像文件时，会出现多个图像文件窗口，这就需要对窗口进行布置和摆放。

同时打开多幅图像，效果如图 1-83 所示。按 Tab 键关闭工作界面中的工具箱和控制面板，效果如图 1-84 所示。

图 1-83   图 1-84

选择"窗口 > 排列 > 全部垂直拼贴"命令，图像的排列效果如图 1-85 所示。选择"窗口 > 排列 > 全部水平拼贴"命令，图像的排列效果如图 1-86 所示。

图 1-85　　　　　　　　　　　　　　　　　　　　图 1-86

3．图像尺寸的调整

打开一幅图像，选择"图像 > 图像大小"命令，弹出"图像大小"对话框，如图 1-87 所示。

图像大小：改变"宽度""高度""分辨率"选项的数值，可以改变图像的文档大小，图像的尺寸也会发生相应的改变。

缩放样式 ✿：单击此按钮，在弹出的菜单中选择"缩放样式"命令后，若在图像操作中添加了图层样式，则在调整图像大小时会自动缩放样式大小。

尺寸：显示图像的宽度和高度值，单击尺寸值右侧的 ∨ 按钮，可以改变计量单位。

调整为：选取预设以调整图像大小。

约束比例 ⑧：单击"宽度"和"高度"选项左侧的 ⑧ 图标，表示改变其中一项数值时，另一项会成比例地同时改变。

分辨率：位图中的细节精细度，计量单位是像素/英寸（ppi）。每英寸的像素越多，分辨率越高。

重新采样：不勾选此复选框，尺寸的数值将不会改变，改变"宽度""高度""分辨率"其中一项数值时，另外两项会发生相应的改变，如图 1-88 所示。

图 1-87　　　　　　　　　　　　　　　　　　　　图 1-88

在"图像大小"对话框中可以改变参数值的计量单位，方法为在右侧的下拉列表中进行选择，如图 1-89 所示。单击"调整为"选项右侧的 ∨ 按钮，在弹出的下拉列表中选择"自动分辨率"选项，弹出"自动分辨率"对话框，系统将自动调整图像的分辨率和品质，如图 1-90 所示。

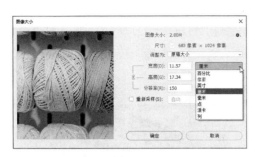

<table>
<tr><td>图1-89</td><td>图1-90</td></tr>
</table>

图1-89   图1-90

4．画布尺寸的调整

图像画布尺寸是指当前图像周围的工作空间的大小。打开一幅图像，如图 1-91 所示。选择"图像 > 画布大小"命令，弹出"画布大小"对话框，如图 1-92 所示。

图1-91   图1-92

当前大小：显示的是当前画布的大小。新建大小：用于重新设定图像画布的大小。定位：调整图像在新画布中的位置，可偏左、居中或位于右上角等（见图 1-93），图像调整后的效果如图 1-94 所示。

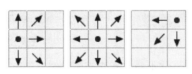

图1-93

图1-94

画布扩展颜色：在此选项的下拉列表中可以选择用于填充图像周围扩展区域的颜色，包括前景色、背景色和 Photoshop 2020 的默认颜色，也可以自己调整所需的颜色。在对话框中进行设置，如图 1-95 所示，单击"确定"按钮，效果如图 1-96 所示。

图 1-95

图 1-96

5．图像位置的调整

选择移动工具 ⊕，在属性栏中将"自动选择"选项设为"图层"。选中文字，如图 1-97 所示，对应图层被选中，将其向下拖曳到适当的位置，效果如图 1-98 所示。

图 1-97

图 1-98

打开一幅图像并绘制选区，将选区中的图像向背景图像中拖曳，鼠标指针变为 形状，如图 1-99 所示，释放鼠标，选区中的图像被移动到背景图像中，效果如图 1-100 所示。

图 1-99

图 1-100

02 第2章
插画设计

现代插画艺术发展迅速，使用 Photoshop 绘制的插画简洁明快、形式多样，已经被广泛应用于装帧、广告、包装和纺织品等领域。本章以不同主题的插画设计为例，介绍插画的设计方法和制作技巧。

课堂学习目标

- 掌握插画的绘制思路和流程
- 掌握插画的绘制方法和技巧

素养目标

- 培养学生对插画设计的兴趣
- 加深学生对中华优秀传统文化的热爱

2.1 制作室内空间装饰画

2.1.1 【案例分析】

本案例是设计制作室内空间装饰画，要求选用古典风格，与居室环境相衬。

2.1.2 【设计理念】

在设计过程中，先从背景入手，通过低明度的色调营造复古的氛围，起到衬托作用。前景中的果实和枝叶占据了画面的绝大部分空间，使内容更加鲜活，为居室带来生机。最终效果参看云盘中的"Ch02/效果/制作室内空间装饰画.psd"，如图 2-1 所示。

微课

制作室内空间装饰画

图 2-1

2.1.3 【操作步骤】

（1）按 Ctrl+O 组合键，打开本书云盘中的"Ch02 > 素材 > 制作室内空间装饰画 > 01"文件，如图 2-2 所示。选择标尺工具 ▭，在图像窗口中图像的左下角单击以确定测量的起点，向右拖曳鼠标会出现测量线段，到图像的右下角再次单击，确定测量的终点，如图 2-3 所示。

图 2-2 | 图 2-3

（2）单击属性栏中的 拉直图层 按钮，拉直图像，效果如图 2-4 所示。选择裁剪工具 ▱，在图像窗口中拖曳鼠标，绘制矩形裁切框，按 Enter 键确认操作，效果如图 2-5 所示。

（3）选择椭圆工具 ○，将属性栏中的"选择工具模式"选项设为"形状"，"填充"颜色设为白色，按住 Shift 键的同时，在图像窗口中绘制圆形，图像效果如图 2-6 所示。"图层"控制面板中将生成新的图层"椭圆 1"。

图2-4　　　　　　　　　　　　　图2-5　　　　　　　　　　图2-6

（4）单击"图层"控制面板下方的"添加图层样式"按钮 _fx_，在弹出的菜单中选择"内阴影"命令，在弹出的对话框中进行设置，如图 2-7 所示。单击"确定"按钮，图像效果如图 2-8 所示。

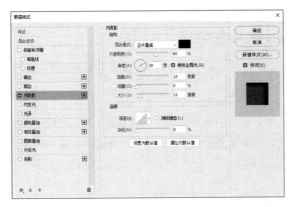

图2-7

图2-8

（5）按 Ctrl+O 组合键，打开本书云盘中的"Ch02 > 素材 > 制作室内空间装饰画 > 02"文件。选择"移动"工具 ⊹，将 02 图片拖曳到 01 图像窗口中适当的位置，如图 2-9 所示。"图层"控制面板中将生成新的图层，将其命名为"画"。按 Alt+Ctrl+G 组合键创建剪贴蒙版，图像效果如图 2-10 所示。

图2-9

图2-10

（6）按 Ctrl+O 组合键，打开本书云盘中的"Ch02 > 素材 > 制作室内空间装饰画 > 03"文件。选择移动工具 ⊹，将 03 图片拖曳到 01 图像窗口中适当的位置，如图 2-11 所示。"图层"控制面板中将生成新的图层，将其命名为"植物"。

（7）选择注释工具 ▤，在图像窗口中单击，弹出"注释"控制面板，在面板中输入文字，如图 2-12 所示。室内空间装饰画制作完成。

图 2-11

图 2-12

2.1.4 【相关工具】

1. 标尺工具

选择标尺工具 ，或反复按 Shift+I 组合键，其属性栏如图 2-13 所示。

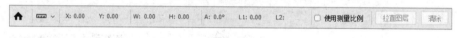

图 2-13

X/Y：起始位置坐标。W/H：在 x 和 y 轴上移动的水平距离和垂直距离。A：相对于坐标轴偏离的角度。L1：两点间的距离。L2：绘制角时另一条测量线的长度。使用测量比例：使用测量比例计算标尺工具的相关数据。 拉直图层 ：用于拉直图层并使标尺水平。 清除 ：清除测量线。

2. 裁剪工具

单击裁剪工具 ，其属性栏如图 2-14 所示。

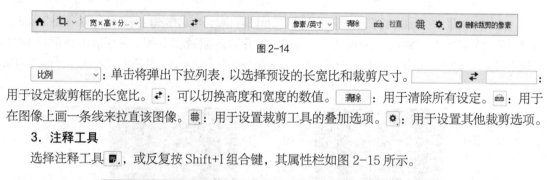

图 2-14

比例 ：单击将弹出下拉列表，以选择预设的长宽比和裁剪尺寸。 ：用于设定裁剪框的长宽比。 ：可以切换高度和宽度的数值。 清除 ：用于清除所有设定。 ：用于在图像上画一条线来拉直该图像。 ：用于设置裁剪工具的叠加选项。 ：用于设置其他裁剪选项。

3. 注释工具

选择注释工具 ，或反复按 Shift+I 组合键，其属性栏如图 2-15 所示。

图 2-15

作者：用于输入作者姓名。颜色：用于设置"注释"控制面板的颜色。 清除全部 ：用于清除所有注释。 ：用于显示或隐藏"注释"控制面板，以编辑注释文字。

2.1.5 【实战演练】制作山水装饰画

使用注释工具为图像添加注释。最终效果参看云盘中的"Ch02 > 效果 > 制作山水装饰画.psd"，如图 2-16 所示。

图 2-16

2.2 制作欢乐假期宣传海报

2.2.1 【案例分析】

本案例是设计制作欢乐假期宣传海报，要求设计风格清新，令观者产生愉悦感。

2.2.2 【设计理念】

在设计过程中，以天空图片为背景，蓝天白云的景象让人心情舒畅。作为点缀的心形气球等元素增加了画面的活泼感，使海报的氛围更轻松。最终效果参看云盘中的"Ch02/效果/制作欢乐假期宣传海报.psd"，如图 2-17 所示。

图 2-17

2.2.3 【操作步骤】

（1）按 Ctrl+O 组合键，打开本书云盘中的"Ch02 > 素材 > 制作欢乐假期宣传海报 > 01、02"文件，如图 2-18 所示。在 02 图像窗口中，按住 Ctrl 键的同时，单击"图层 0"图层的缩览图，图像周围会生成选区，如图 2-19 所示。

（2）选择矩形选框工具 □，在属性栏中单击"从选区减去"按钮 □，在气球的下方绘制一个矩形选框，减去相交的区域，效果如图 2-20 所示。

图 2-18　　　　　　　　　　　　图 2-19　　　　　　　　　　　　图 2-20

（3）选择"编辑 > 定义画笔预设"命令，弹出"画笔名称"对话框，在"名称"文本框中输入"气球"，如图 2-21 所示，单击"确认"按钮，将气球图像定义为画笔。按 Ctrl+D 组合键，取消选区。选择"移动"工具 ⊹，将 02 图片拖曳到 01 图像窗口中适当的位置，效果如图 2-22 所示。

图 2-21　　　　　　　　　　　　　　　　　图 2-22

（4）按 Ctrl+T 组合键，图像周围出现变换框，向内拖曳右下角的控制手柄以等比例缩小图片，按 Enter 键确认操作，效果如图 2-23 所示。"图层"控制面板中将生成新的图层，将其命名为"气球"，如图 2-24 所示。

图 2-23　　　　　　　　　　　　　图 2-24

（5）按 Ctrl+O 组合键，打开本书云盘中的"Ch02 > 素材 > 制作欢乐假期宣传海报 > 03"文件，选择移动工具 ⊹，将 03 图片拖曳到 01 图像窗口中适当的位置，效果如图 2-25 所示。"图层"控制面板中将生成新的图层，将其命名为"热气球"，如图 2-26 所示。

图 2-25

图 2-26

（6）单击"图层"控制面板下方的"创建新图层"按钮 🔲，将生成新的图层，将其命名为"气球2"。将前景色设为紫色（170、105、250）。选择画笔工具 🖊️，在属性栏中单击"画笔"选项右侧的 ▾ 按钮，在弹出的"画笔"面板中选择需要的画笔形状，选择刚才定义好的气球形状画笔，其他设置如图 2-27 所示。

（7）在属性栏中单击"启用喷枪模式"按钮 🖌️，在图像窗口中单击以绘制一个气球图形。按 [和]键调整画笔大小，再次绘制一个气球图形，效果如图 2-28 所示。将前景色设为蓝色（105、182、250）。使用相同的方法制作其他气球，效果如图 2-29 所示。

图 2-27

图 2-28

图 2-29

（8）欢乐假期宣传海报制作完成，效果如图 2-30 所示。

图 2-30

2.2.4 【相关工具】

1. 定义画笔

打开一幅图像，按住 Ctrl 键的同时单击"图层 1"图层的缩略图，载入选区，如图 2-31 所示。选择"编辑 > 定义画笔预设"命令，弹出"画笔名称"对话框，具体设置如图 2-32 所示，单击"确定"按钮，定义画笔。

图 2-31

图 2-32

选择"背景"图层。新建图层并将其命名为"画笔"。选择画笔工具 ，在属性栏中单击"画笔"选项右侧的 按钮，在弹出的"画笔"面板中选择需要的画笔形状，如图 2-33 所示。按 [和] 键调整画笔大小，在图像窗口中单击以绘制图像，效果如图 2-34 所示。

图 2-33

图 2-34

2. 画笔工具

选择画笔工具 ，或反复按 Shift+B 组合键，其属性栏如图 2-35 所示。

图 2-35

 ：用于选择和设置预设的画笔。模式：用于选择绘画颜色与下层现有像素的混合模式。不透明度：可以设定画笔颜色的不透明度。 ：可以对不透明度使用压力。流量：用于设定喷笔压力，压力越大，喷色越浓。 ：可以启用喷枪模式绘制效果。平滑：设置画笔边缘的平滑度。 ：设置其他平滑度选项。 ：使用压感笔压力，可以覆盖"画笔"面板中"不透明度"和"大小"的设置。 ：可以选择和设置绘画的对称选项。

选择画笔工具 ，在属性栏中设置画笔，如图 2-36 所示，在图像窗口中单击并按住鼠标左键不放，拖曳鼠标绘制出图 2-37 所示的效果。

图 2-36

图 2-37

在属性栏中单击"画笔"选项右侧的 按钮，弹出图 2-38 所示的"画笔"面板，可以选择画笔形状。拖曳"大小"选项下方的滑块或直接输入数值，可以设置画笔的大小。如果选择的画笔是基于样本的，将显示"恢复到原始大小"按钮 ，单击此按钮，可以使画笔的大小恢复到初始大小。

单击"画笔"面板右上方的 按钮，弹出的菜单如图 2-39 所示。

图 2-38   图 2-39

新建画笔预设：用于建立新画笔。新建画笔组：用于建立新的画笔组。重命名画笔：用于重新命名画笔。删除画笔：用于删除当前选中的画笔。画笔名称：在"画笔"面板中显示画笔名称。画笔描边：在"画笔"面板中显示画笔描边。画笔笔尖：在"画笔"面板中显示画笔笔尖。显示其他预设信息：在"画笔"面板中显示其他预设信息。显示近期画笔：在"画笔"面板中显示近期使用过的画笔。恢复默认画笔：用于恢复默认状态的画笔。导入画笔：用于将存储的画笔载入面板。导出选中的画笔：用于将选取的画笔导出。获取更多画笔：用于在官网上获取更多的画笔形状。转换后的旧版工具预设：将转换后的旧版工具预设画笔集恢复为画笔预设列表。旧版画笔：将旧版的画笔集恢复为画笔预设列表。

在"画笔"面板中单击"从此画笔创建新的预设"按钮 ，会弹出图 2-40 所示的"新建画笔"对话框。单击属性栏中的"切换画笔设置面板"按钮 ，会弹出图 2-41 所示的"画笔设置"控制面板。

图 2-40   图 2-41

"画笔笔尖形状"选项：可以设置画笔的形状。"形状动态"选项：可以增加画笔的动态效果。"散布"选项：用于设置画笔的分布状况。"纹理"选项：可以使画笔纹理化。"双重画笔"选项：可以设置两种画笔的混合效果。"颜色动态"选项：用于设置画笔绘制过程中颜色的动态变化情况。

"传递"选项：可以为画笔颜色添加递增或递减效果。"画笔笔势"选项：可以绘制类似光笔的效果，并可以控制画笔的角度和位置。"杂色"选项：可以为画笔增加杂色效果。"湿边"选项：可以为画笔增加水笔的效果。"建立"选项：可以使画笔变为喷枪的效果。"平滑"选项：可以使画笔绘制的线条更平滑、顺畅。"保护纹理"选项：可以对所有的画笔应用相同的纹理图案。

2.2.5   【实战演练】制作卡通插画

使用定义画笔预设命令和画笔工具制作卡通插画。最终效果参看云盘中的"Ch02 > 效果 > 制作卡通插画.psd"，如图 2-42 所示。

微课

制作卡通插画

图 2-42

2.3 制作家居 App 引导页插画

2.3.1   【案例分析】

家珍坊是一家家居用品零售企业，主营浴室配件和起居用品等。本案例是为该企业的 App 引导页设计制作插画，要求风格现代、简约，内容与企业业务相关。

2.3.2   【设计理念】

在设计过程中，通过简单、干净的浴缸卡通图形展现出企业的特色。低饱和度的配色令人视觉轻松，也使画面更具趣味性。最终效果参看云盘中的"Ch02/效果/制作家居 App 引导页插画.psd"，如图 2-43 所示。

微课

制作家居 App 引导
页插画

图 2-43

2.3.3 【操作步骤】

（1）按 Ctrl+O 组合键，打开本书云盘中的"Ch02 > 素材 > 制作家居 App 引导页插画 > 01"文件，如图 2-44 所示。将前景色设为灰色（212、220、223）。在"图层"控制面板中选中"花洒"图层，选择魔棒工具 ，在图像窗口中选中需要的区域，如图 2-45 所示。

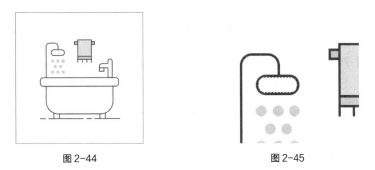

图 2-44　　　　　　　　　　图 2-45

（2）选择"编辑 > 填充"命令，在弹出的对话框中进行设置，如图 2-46 所示，单击"确定"按钮，填充颜色，按 Ctrl+D 组合键，取消选区，效果如图 2-47 所示。用上述方法设置不同的前景色，并填充相应的区域，效果如图 2-48 所示。

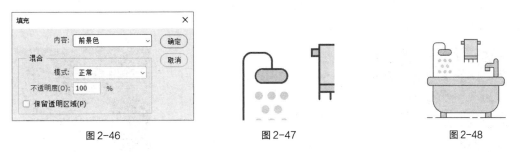

图 2-46　　　　　　　图 2-47　　　　　　　图 2-48

（3）在"图层"控制面板中选中"水滴"图层，按住 Ctrl 键的同时单击"水滴"图层的缩略图，载入选区，如图 2-49 所示。选择"编辑 > 描边"命令，弹出"描边"对话框，将"颜色"选项设置为灰蓝色（85、110、127），其他选项的设置如图 2-50 所示。单击"确定"按钮，效果如图 2-51所示。

图 2-49　　　　　　　图 2-50　　　　　　　图 2-51

（4）按 Ctrl+D 组合键，取消选区。家居 App 引导页插画制作完成，如图 2-52 所示。

图 2-52

2.3.4 【相关工具】

1. 填充命令

选择"编辑 > 填充"命令，弹出"填充"对话框，如图 2-53 所示。

内容：用于选择填充内容，包括前景色、背景色、颜色、内容识别、图案、历史记录、黑色、50%灰色、白色。混合：用于设置填充的模式和不透明度。

图 2-53

打开一幅图像，在图像窗口中绘制出选区，如图 2-54 所示。选择"编辑 > 填充"命令，弹出"填充"对话框，具体设置如图 2-55 所示。单击"确定"按钮，效果如图 2-56 所示。

图 2-54

图 2-55

图 2-56

提示

按 Alt+Delete 组合键，用前景色填充选区或图层。按 Ctrl+Delete 组合键，用背景色填充选区或图层。按 Delete 键，删除选区中的图像，露出背景色或下层的图像。

2. 描边命令

选择"编辑 > 描边"命令，弹出"描边"对话框，如图 2-57 所示。

描边：用于设置描边的宽度和颜色。位置：用于设置描边相对于边缘的位置，包括内部、居中和居外 3 个选项。混合：用于设置描边的模式和不透明度。

打开一幅图像，在图像窗口中绘制出选区，如图 2-58 所示。选择"编辑 > 描边"命令，弹出"描边"对话框，具体设置如图 2-59

图 2-57

所示，单击"确定"按钮，描边选区。取消选区后，效果如图 2-60 所示。

图 2-58

图 2-59

图 2-60

在"描边"对话框的"模式"选项中选择不同的描边模式，如图 2-61 所示。单击"确定"按钮，描边选区。取消选区后，效果如图 2-62 所示。

图 2-61

图 2-62

3．定义图案

打开一幅图像，在图像窗口中绘制出选区，如图 2-63 所示。选择"编辑 > 定义图案"命令，弹出"图案名称"对话框，如图 2-64 所示，单击"确定"按钮，定义图案。按 Ctrl+D 组合键，取消选区。

图 2-63

图 2-64

选择"编辑 > 填充"命令，弹出"填充"对话框，将"内容"选项设为"图案"，在"自定图案"选项中选择新定义的图案，如图 2-65 所示。单击"确定"按钮，效果如图 2-66 所示。

图 2-65

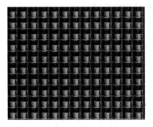

图 2-66

在"填充"对话框的"模式"选项中选择不同的填充模式，如图 2-67 所示。单击"确定"按钮，效果如图 2-68 所示。

图 2-67

图 2-68

2.3.5　【实战演练】制作布包花卉装饰

使用矩形选框工具、定义图案命令和填充命令制作花卉引导页插画。最终效果参看云盘中的"Ch02 > 效果 > 制作布包花卉装饰.psd"，如图 2-69 所示。

图 2-69

微课

制作布包花卉装饰

2.4　制作海景浮雕插画

2.4.1　【案例分析】

本案例是制作海景浮雕插画，要求采用浮雕艺术表现形式，突出海景独特的魅力。

2.4.2　【设计理念】

在设计过程中，以海景图片为底图，以行云流水般的特效凸显浮雕的特点，引发海滨假日的浪漫遐想。最终效果参看云盘中的"Ch02/效果/制作海景浮雕插画.psd"，如图 2-70 所示。

微课

制作海景浮雕插画

图 2-70

2.4.3 【操作步骤】

（1）按 Ctrl+O 组合键，打开本书云盘中的"Ch02 > 素材 > 制作海景浮雕插画 > 01"文件，如图 2-71 所示。新建图层并将其命名为"黑色块"。将前景色设为黑色。按 Alt+Delete 组合键，用前景色填充图层。在"图层"控制面板上方，将"黑色块"图层的"不透明度"选项设为 80%，如图 2-72 所示。按 Enter 键确认操作，图像效果如图 2-73 所示。

图 2-71   图 2-72   图 2-73

（2）新建图层并将其命名为"油画"。选择历史记录艺术画笔工具 🖌️ ，在属性栏中将"不透明度"选项设为 85%，单击"画笔"选项，弹出"画笔"面板，将"大小"选项设为 15 像素，属性栏中的设置如图 2-74 所示。在图像窗口中拖曳鼠标以绘制图形，直到其铺满图像窗口，效果如图 2-75 所示。

图 2-74   图 2-75

（3）选择"图像 > 调整 > 色相/饱和度"命令，在弹出的对话框中进行设置，如图 2-76 所示。单击"确定"按钮，效果如图 2-77 所示。

图 2-76   图 2-77

（4）将"油画"图层拖曳到"图层"控制面板下方的"创建新图层"按钮 □ 上进行复制，生成新的图层，将其命名为"浮雕"，如图 2-78 所示。选择"图像 > 调整 > 去色"命令，将图像去色，效果如图 2-79 所示。

图 2-78   图 2-79

（5）在"图层"控制面板上方，将"浮雕"图层的混合模式设为"叠加"，如图 2-80 所示，图像效果如图 2-81 所示。

图 2-80   图 2-81

（6）选择"滤镜 > 风格化 > 浮雕效果"命令，在弹出的对话框中进行设置，如图 2-82 所示。单击"确定"按钮，效果如图 2-83 所示。

（7）单击"图层"控制面板下方的"添加图层样式"按钮 *fx*，在弹出的菜单中选择"颜色叠加"命令，弹出"图层样式"对话框，将叠加颜色设为浅蓝色（222、248、255），其他选项的设置如图 2-84 所示。单击"确定"按钮，图像效果如图 2-85 所示。海景浮雕插画制作完成。

图 2-82

图 2-83

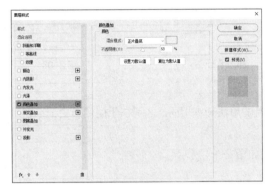

图 2-84

图 2-85

2.4.4 【相关工具】

1. 历史记录画笔工具

历史记录画笔工具是与"历史记录"控制面板结合起来使用的，主要用于将图像的部分区域恢复到之前的某一历史状态，以形成特殊的图像效果。

打开一张图片，如图 2-86 所示。为图片添加滤镜效果，如图 2-87 所示。"历史记录"控制面板如图 2-88 所示。

图 2-86

图 2-87

图 2-88

选择椭圆选框工具 ，在属性栏中将"羽化"选项设为 50，在图像上绘制椭圆选区，如图 2-89 所示。选择历史记录画笔工具 ，在"历史记录"控制面板中单击"打开"步骤左侧的方框，设置历史记录画笔的源，显示出 图标，如图 2-90 所示。

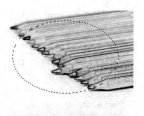

图 2-89　　　　　　　　　　　　　　　　　　　图 2-90

用历史记录画笔工具 在选区中涂抹，如图 2-91 所示。取消选区后的效果如图 2-92 所示。"历史记录"控制面板如图 2-93 所示。

图 2-91　　　　　　　　　　图 2-92　　　　　　　　　　图 2-93

2. 历史记录艺术画笔工具

历史记录艺术画笔工具和历史记录画笔工具的用法基本相同。区别在于使用历史记录艺术画笔绘图时可以产生艺术效果。

选择历史记录艺术画笔工具 ，其属性栏如图 2-94 所示。

图 2-94

样式：用于选择一种艺术笔触。区域：用于设置画笔绘制时所覆盖的像素范围。容差：用于设置画笔绘制时的间隔时间。

打开一张图片，如图 2-95 所示。用颜色填充图像，效果如图 2-96 所示。"历史记录"控制面板如图 2-97 所示。

图 2-95　　　　　　　　　　图 2-96　　　　　　　　　　图 2-97

在"历史记录"控制面板中单击"打开"步骤左侧的方框，显示出 图标，设置历史记录画笔的源，如图 2-98 所示。选择历史记录艺术画笔工具 ，在属性栏中进行设置，如图 2-99 所示。

使用历史记录艺术画笔工具 在图像上涂抹，效果如图 2-100 所示。"历史记录"控制面板如图 2-101 所示。

图 2-98

图 2-99

图 2-100

图 2-101

3."历史记录"控制面板

"历史记录"控制面板可以将进行过多次处理操作的图像恢复到任意一步操作时的状态,即所谓的"多次恢复功能"。选择"窗口 > 历史记录"命令,弹出"历史记录"控制面板,如图 2-102 所示。

控制面板下方的按钮从左至右依次为"从当前状态创建新文档"按钮 、"创建新快照"按钮 和"删除当前状态"按钮 。

单击控制面板右上方的 图标,弹出的菜单如图 2-103 所示。

前进一步:用于将滑块向下移动一位。

后退一步:用于将滑块向上移动一位。

新建快照:用于根据当前滑块所指的操作记录建立新的快照。

删除:用于删除控制面板中滑块所指的操作记录。

清除历史记录:用于清除控制面板中除最后一条记录外的所有记录。

新建文档:用于根据当前状态或者快照建立新的文件。

历史记录选项:用于设置"历史记录"控制面板。

"关闭"和"关闭选项卡组":分别用于关闭"历史记录"控制面板和"历史记录"控制面板所在的选项卡组。

图 2-102

图 2-103

4.恢复到上一步的操作

在编辑图像的过程中可以随时将操作返回到上一步,也可以还原图像到恢复前的效果。选择"编

辑 > 还原"命令，或按 Ctrl+Z 组合键，可以恢复到图像的上一步操作。如果想还原图像到恢复前的效果，再按 Ctrl+Z 组合键即可。

5．中断操作

当 Photoshop 正在进行图像处理时，如果想中断这次的操作，就可以按 Esc 键中断正在进行的操作。

6．"风格化"滤镜

"风格化"滤镜可以产生印象派和其他风格画派作品的效果，是完全模拟真实艺术手法进行创作的。"风格化"命令子菜单如图 2-104 所示。应用不同的滤镜制作出的效果如图 2-105 所示。

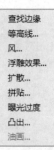

图 2-104

原图	查找边缘	等高线	风	浮雕效果
扩散	拼贴	曝光过度	凸出	油画

图 2-105

2.4.5 【实战演练】制作花卉浮雕插画

使用"新建快照"命令、图层的"不透明度"选项和历史记录艺术画笔工具制作油画效果，使用"去色"命令调整图片的颜色，使用混合模式和"浮雕效果"滤镜为图片添加浮雕效果。最终效果参看云盘中的"Ch02 > 效果 > 制作花卉浮雕插画.psd"，如图 2-106 所示。

图 2-106

微课

制作花卉浮雕插画

2.5　综合演练——制作时尚装饰插画

2.5.1　【案例分析】

本案例是设计制作一幅时尚装饰插画，要求插画的风格生活化，用色要大胆鲜艳。

2.5.2　【设计理念】

在设计过程中，背景使用黄绿色调，使画面看起来十分轻盈，彩色的图形营造热情洋溢的氛围。相机与照片等元素的搭配增添了画面的生活感，令观者更感亲切。

2.5.3　【知识要点】

使用画笔工具绘制小草图形，使用移动工具添加素材图片。最终效果参看云盘中的"Ch02 > 效果 > 制作时尚装饰插画.psd"，如图 2-107 所示。

图 2-107

微课

制作时尚装饰插画

2.6　综合演练——制作夏至节气插画

2.6.1　【案例分析】

绿盟环保科技有限公司是一家创新型科技公司，公司专注于研究、开发和提供可持续的环保解决方案。本案例是设计制作夏至节气插画，要求表现出节气特点，风格清新怡人。

2.6.2　【设计理念】

在设计过程中，以夏日的荷塘为画面主要元素，绿油油的荷叶营造出清凉感。简约的文字和画面风格协调，也点明了宣传主题。

2.6.3　【知识要点】

使用画笔工具绘制形状，使用移动工具添加素材图片。最终效果参看云盘中的"Ch02 > 效果 > 制作夏至节气插画.psd"，如图 2-108 所示。

图 2-108

微课

制作夏至节气插画

03 第 3 章
Banner 设计

优质的 Banner 有助于提高品牌转化率，吸引用户购买产品或参加活动，因此 Banner 设计对于产品推广和市场运营非常重要。本章以不同类型的 Banner 设计为例，讲解 Banner 的设计方法和制作技巧。

课堂学习目标

- 掌握 Banner 的设计思路
- 掌握 Banner 的设计方法和制作技巧

素养目标

- 培养学生对 Banner 设计的兴趣
- 培养学生的商业设计思维

3.1　制作家居装饰类电商 Banner

3.1.1　【案例分析】

艾佳家居是一个家具品牌，重点打造简约的东方家居风格。本案例是为其设计制作网站首页 Banner，宣传公司举办的"现代东方家居节"，要求设计能体现出品牌的特色。

3.1.2　【设计理念】

在设计过程中，以中式家具实物图片为主导，突出品牌的风格。随意点缀的绿植和家居用品元素为画面营造出温馨感，拉近品牌和顾客的距离。最终效果参看云盘中的"Ch03/效果/制作家居装饰类电商 Banner.psd"，如图 3-1 所示。

图 3-1

微课

制作家居装饰类
电商 Banner

3.1.3　【操作步骤】

（1）按 Ctrl+O 组合键，打开本书云盘中的"Ch03 > 素材 > 制作家居装饰类电商 Banner > 01、02"文件，如图 3-2 和图 3-3 所示。

图 3-2

图 3-3

（2）选择椭圆选框工具 ◯，在"02"图像窗口中，按住 Alt+Shift 组合键的同时，以时钟中心为中点拖曳鼠标以绘制圆形选区，如图 3-4 所示。

（3）选择移动工具 ✛，将选区中的图像拖曳到"01"图像窗口中适当的位置，如图 3-5 所示。"图层"控制面板中将生成新的图层，将其命名为"时钟"。

（4）单击"图层"控制面板下方的"添加图层样式"按钮 fx，在弹出的菜单中选择"投影"命令，在弹出的对话框中进行设置，如图 3-6 所示。单击"确定"按钮，效果如图 3-7 所示。

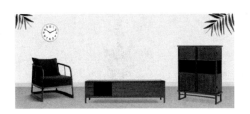

图 3-4   图 3-5

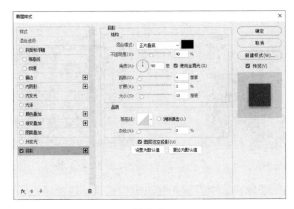

图 3-6   图 3-7

（5）按 Ctrl+O 组合键，打开本书云盘中的"Ch03 > 素材 > 制作家居装饰类电商 Banner > 03"文件，如图 3-8 所示。选择磁性套索工具 ，在"03"图像窗口中沿着绿植图像边缘拖曳鼠标，生成的磁性轨迹会紧贴图像的轮廓，如图 3-9 所示。将鼠标指针移回到起点，如图 3-10 所示，单击以封闭选区，效果如图 3-11 所示。

图 3-8   图 3-9   图 3-10   图 3-11

（6）选择磁性套索工具 ，在属性栏中单击"从选区减去"按钮 ，在已有选区上继续绘制，减去空白区域，效果如图 3-12 所示。选择移动工具 ，将选区中的图像拖曳到"01"图像窗口中适当的位置，如图 3-13 所示。"图层"控制面板中将生成新的图层，将其命名为"绿植"。

（7）按 Ctrl+O 组合键，打开本书云盘中的"Ch03 > 素材 > 制作家居装饰类电商 Banner > 04"文件，选择移动工具 ，将花瓶图片拖曳到图像窗口中适当的位置，效果如图 3-14 所示。"图层"控制面板中将生成新图层，将其命名为"花瓶"。

（8）按 Ctrl+O 组合键，打开本书云盘中的"Ch03 > 素材 > 制作家居装饰类电商 Banner > 05"文件，如图 3-15 所示。

图 3-12

图 3-13

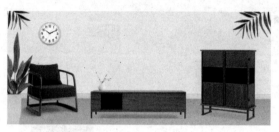

图 3-14

图 3-15

（9）选择矩形选框工具 ，在"05"图像窗口中沿着画框边缘拖曳鼠标以绘制矩形选区，如图 3-16 所示。选择移动工具 ，将选区中的图像拖曳到"01"图像窗口中适当的位置，如图 3-17 所示。"图层"控制面板中将生成新的图层，将其命名为"画框"。

图 3-16

图 3-17

（10）单击"图层"控制面板下方的"添加图层样式"按钮 ，在弹出的菜单中选择"投影"命令，在弹出的对话框中进行设置，如图 3-18 所示。单击"确定"按钮，效果如图 3-19 所示。

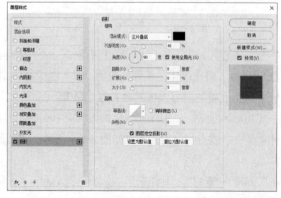

图 3-18

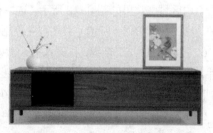

图 3-19

（11）单击"图层"控制面板下方的"创建新的填充或调整图层"按钮 ⚫，在弹出的菜单中选择"色相/饱和度"命令，"图层"控制面板中会生成"色相/饱和度 1"图层，同时会弹出"色相/饱和度"面板，单击"此调整影响下面的所有图层"按钮 ⬚ 使其显示为"此调整剪切到此图层"按钮 ⬚，其他选项的设置如图 3-20 所示。按 Enter 键确认操作，图像效果如图 3-21 所示。

| 图 3-20 | 图 3-21 |

（12）按 Ctrl+O 组合键，打开本书云盘中的"Ch03 > 素材 > 制作家居装饰类电商 Banner > 06"文件，选择移动工具 ✛，将广告文字拖曳到图像窗口中适当的位置，效果如图 3-22 所示。"图层"控制面板中将生成新图层，将其命名为"文字"。家居装饰类电商 Banner 制作完成。

图 3-22

3.1.4 【相关工具】

1. 矩形选框工具

选择矩形选框工具 ⬚，或反复按 Shift+M 组合键，其属性栏如图 3-23 所示。

图 3-23

新选区 ⬚：去除旧选区，绘制新选区。添加到选区 ⬚：在原有选区的基础上增加新的选区。从选区减去 ⬚：从原有选区上减去新选区的部分。与选区交叉 ⬚：选择新旧选区重叠的部分。羽化：用于设定选区边界的羽化程度。消除锯齿：用于清除选区边缘的锯齿。样式：用于选择选区类型，"正常"选项为标准类型；"固定比例"选项用于设定长宽比例；"固定大小"选项用于固定矩形选框的长和宽。宽度和高度：用来设定宽度和高度。选择并遮住：创建或调整选区。

选择矩形选框工具 ⬚，在图像中适当的位置按住鼠标左键不放，向右下方拖曳鼠标以绘制选区，释放鼠标，矩形选区绘制完成，如图 3-24 所示。按住 Shift 键拖曳鼠标，可以在图像中绘制出正方形选区，如图 3-25 所示。

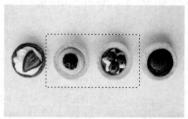

图 3-24

图 3-25

2. 椭圆选框工具

选择椭圆选框工具 ◯，或反复按 Shift+M 组合键，其属性栏如图 3-26 所示，其中的选项和矩形选框工具属性栏相同，这里不再赘述。

图 3-26

选择椭圆选框工具 ◯，在图像窗口中适当的位置按住鼠标左键不放，拖曳鼠标以绘制选区，释放鼠标后，椭圆选区绘制完成，如图 3-27 所示。按住 Shift 键的同时在图像窗口中拖曳鼠标可以绘制圆形选区，如图 3-28 所示。

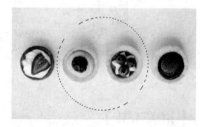

图 3-27

图 3-28

在属性栏中将"羽化"选项设为 0，绘制并填充选区后，效果如图 3-29 所示。将"羽化"选项设为 50，绘制并填充选区后，效果如图 3-30 所示。

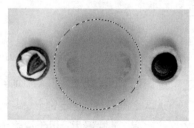

图 3-29

图 3-30

3. 套索工具

选择套索工具 ◯，或反复按 Shift+L 组合键，其属性栏如图 3-31 所示。

图 3-31

选择套索工具 ⚲，在图像中的适当位置按住鼠标左键不放，拖曳鼠标在图像周围进行绘制，如图 3-32 所示，释放鼠标，选区自动封闭并生成选区，效果如图 3-33 所示。

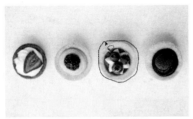

图 3-32　　　　　　　　　　　　　　图 3-33

4. 多边形套索工具

选择多边形套索工具 ⚲，在图像中单击设置选区的起点，接着单击设置选区的其他点，效果如图 3-34 所示。将鼠标指针移回到起点，多边形套索工具显示为图标 ⚲，如图 3-35 所示，单击即可封闭选区，效果如图 3-36 所示。

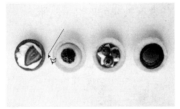

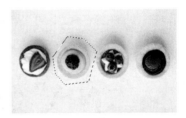

图 3-34　　　　　　　　图 3-35　　　　　　　　图 3-36

在图像中使用多边形套索工具 ⚲ 绘制选区时，按 Enter 键，可封闭选区；按 Esc 键，可取消选区；按 Delete 键，可删除刚刚单击建立的选区点。

5. 磁性套索工具

选择磁性套索工具 ⚲，或反复按 Shift+L 组合键，其属性栏如图 3-37 所示。

图 3-37

宽度：用于设定套索检测范围，磁性套索工具将在这个范围内选取反差最大的边缘。对比度：用于设定选取边缘的灵敏度，数值越大，则要求边缘与背景的反差越大。频率：用于设定选取点的速率，数值越大，标记速率越快，标记点越多。 ⚲：用于设定专用绘图板的笔刷压力。

选择磁性套索工具 ⚲，在图像中的适当位置按住鼠标左键不放，根据选取图像的形状拖曳鼠标，选取图像的磁性轨迹会紧贴图像内容，如图 3-38 所示，将鼠标指针移回到起点，如图 3-39 所示，单击即可封闭选区，效果如图 3-40 所示。

| 图 3-38 | 图 3-39 | 图 3-40 |

在图像中使用磁性套索工具  绘制选区时，按 Enter 键，可封闭选区；按 Esc 键，可取消选区；按 Delete 键，可删除刚刚单击建立的选区点。

6. 魔棒工具

选择魔棒工具 ，或按 W 键，其属性栏如图 3-41 所示。

图 3-41

连续：用于选择单独的色彩范围。对所有图层取样：用于将所有可见图层中颜色容许范围内的色彩加入选区。

选择魔棒工具 ，在图像中单击需要选择的颜色区域，即可得到需要的选区，如图 3-42 所示。调整属性栏中的容差值，再次单击需要选择的颜色区域，不同容差值的选区效果如图 3-43 所示。

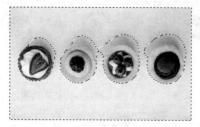
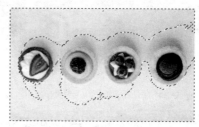

| 图 3-42 | 图 3-43 |

3.1.5 【实战演练】制作时尚彩妆类电商 Banner

使用矩形选框工具、椭圆选框工具、多边形套索工具和魔棒工具抠出化妆品，使用移动工具合成图像。最终效果参看云盘中的"Ch03 > 效果 > 制作时尚彩妆类电商 Banner.psd"，如图 3-44 所示。

微课

制作时尚彩妆类
电商 Banner

图 3-44

3.2　制作婚纱摄影类网站首页 Banner

3.2.1　【案例分析】

目光婚纱摄影工作室是一家专业的婚纱摄影机构，致力于通过艺术化的摄影手法，捕捉每一个幸福的瞬间。本案例是为其网站首页设计制作 Banner，要求风格唯美，能体现出公司的主营业务。

3.2.2　【设计理念】

在设计过程中，以新娘的幸福身影为 Banner 主要元素，既点明了公司业务，又营造出喜悦的氛围。涂抹的效果令画面别具一格，提升了设计感，令人印象深刻。最终效果参看云盘中的"Ch03/效果/制作婚纱摄影类网站首页 Banner.psd"，如图 3-45 所示。

图 3-45

微课

制作婚纱摄影类
网站首页 Banner

3.2.3　【操作步骤】

（1）按 Ctrl+N 组合键，弹出"新建文档"对话框，设置宽度为 900 像素，高度为 383 像素，分辨率为 72 像素/英寸，颜色模式为 RGB，背景内容为白色，单击"创建"按钮，新建文档。

（2）按 Ctrl+O 组合键，打开云盘中的"Ch03 > 素材 > 制作婚纱摄影类网站首页 Banner > 01、02"文件。选择"移动"工具 ⊕，分别将 01 和 02 图像拖曳到新建的图像窗口中适当的位置，使"纹理"图像完全遮挡"底图"图像，效果如图 3-46 所示。"图层"控制面板中将生成新图层，将其分别命名为"底图"和"纹理"，如图 3-47 所示。

图 3-46

图 3-47

（3）选中"纹理"图层。在"图层"控制面板上方，将该图层的混合模式设为"正片叠底"，如图 3-48 所示，图像效果如图 3-49 所示。

图 3-48   图 3-49

（4）单击"图层"控制面板下方的"添加图层蒙版"按钮，为图层添加蒙版。将前景色设为黑色。选择"画笔"工具，在属性栏中单击"画笔"选项右侧的按钮，弹出"画笔"面板，选择需要的画笔形状，将"大小"选项设为 100 像素，如图 3-50 所示。在图像窗口中拖曳鼠标以擦除不需要的图像，效果如图 3-51 所示。

图 3-50   图 3-51

（5）新建图层并将其命名为"画笔"。将前景色设为白色。按 Alt+Delete 组合键，用前景色填充图层。单击工具箱下方的"以快速蒙版模式编辑"按钮，进入蒙版状态。将前景色设为黑色。选择画笔工具，在属性栏中单击"画笔"选项右侧的按钮，弹出"画笔"面板。在面板中单击"旧版画笔 > 粗画笔"选项组，选择需要的画笔形状，将"大小"选项设为 30 像素，如图 3-52 所示。在图像窗口中拖曳鼠标以绘制图像，效果如图 3-53 所示。

图 3-52   图 3-53

（6）单击工具箱下方的"以标准模式编辑"按钮，恢复到标准编辑状态，图像窗口中生成选区，如图 3-54 所示。按 Shift+Ctrl+I 组合键，将选区反选。按 Delete 键，删除选区中的图像。按 Ctrl+D 组合键，取消选区，效果如图 3-55 所示。

图 3-54　　　　　　　　　　　　　　　　　图 3-55

（7）按 Ctrl+O 组合键，打开云盘中的 "Ch03 > 素材 > 制作婚纱摄影类网站首页 Banner > 03"
文件。选择移动工具 ，将 03 图像拖曳到新建的图像窗口中适当的位置，效果如图 3-56 所示。"图
层" 控制面板中将生成新图层，将其命名为 "文字"。婚纱摄影类网站首页 Banner 制作完成。

图 3-56

3.2.4　【相关工具】

1. 羽化选区

羽化选区可以使图像产生柔和的效果。

在图像中绘制选区，如图 3-57 所示。选择 "选择 > 修改 > 羽化" 命令，弹出 "羽化选区" 对
话框，设置 "羽化半径" 的数值，如图 3-58 所示，单击 "确定" 按钮，选区被羽化。按 Shift+Ctrl+I
组合键，将选区反选，如图 3-59 所示。

图 3-57　　　　　　　　　　图 3-58　　　　　　　　　　图 3-59

在选区中填充颜色后，取消选区，效果如图 3-60 所示。还可以在绘制选区前在所使用工具的属
性栏中直接输入羽化数值，如图 3-61 所示。此时，绘制的选区自动带有羽化边缘。

图 3-60　　　　　　　　　　　　　　　　　图 3-61

2．取消选区

选择"选择 > 取消选择"命令，或按 Ctrl+D 组合键，可以取消选区。

3．快速选择工具

选择快速选择工具 ，其属性栏如图 3-62 所示。

 ：用于确认选区选择方式。单击"画笔"选项右侧的 按钮，弹出"画笔"面板，如图 3-63 所示，可以设置画笔的大小、硬度、间距、角度和圆度。自动增强：可以调整所绘制选区边缘的粗糙度。选择主体：自动在图像中最突出的对象上创建选区。

图 3-62

图 3-63

4．快速蒙版的制作

打开一幅图像。选择对象选择工具 ，在图像窗口中绘制选区，如图 3-64 所示。

单击工具箱下方的"以快速蒙版模式编辑"按钮 ，进入蒙版状态，选区暂时消失，图像的未选择区域变为红色，如图 3-65 所示。"通道"控制面板中将自动生成快速蒙版，如图 3-66 所示。快速蒙版图像如图 3-67 所示。

图 3-64

图 3-65

图 3-66

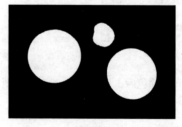

图 3-67

系统预设的蒙版颜色为半透明的红色。

选择画笔工具 ✎，在画笔工具属性栏中进行设定，如图 3-68 所示。将快速蒙版中需要的区域绘制为白色，图像效果如图 3-69 所示，"通道"控制面板如图 3-70 所示。

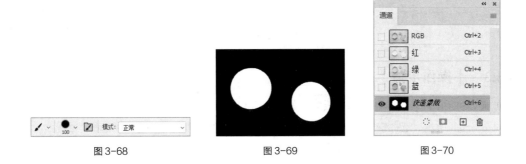

图 3-68   图 3-69   图 3-70

3.2.5 【实战演练】制作电商平台 App 主页 Banner

使用快速选择工具绘制选区，使用"反选"命令反选图像，使用移动工具移动选区中的图像，使用横排文字工具添加宣传文字。最终效果参看云盘中的"Ch03 > 效果 > 制作电商平台 App 主页 Banner.psd"，如图 3-71 所示。

微课

制作电商平台 App
主页 Banner

图 3-71

3.3 制作箱包 App 主页 Banner

3.3.1 【案例分析】

晒潮流是一个箱包销售平台，顾客群体是广大的年轻消费者。本案例是为该平台的 App 设计制作主页 Banner，要求风格时尚，突出夏季新品。

3.3.2 【设计理念】

在设计过程中，使用纯色的背景营造出清新的夏日氛围，也更好地烘托前景中的女包新品，宣传主题令人一目了然。文字色彩的搭配富有朝气，给人青春洋溢的印象。最终效果参看云盘中的"Ch03/效果/制作箱包 App 主页 Banner.psd"，如图 3-72 所示。

图 3-72

3.3.3 【操作步骤】

（1）按 Ctrl+O 组合键，打开本书云盘中的"Ch03 > 素材 > 制作箱包 App 主页 Banner > 01"
文件，如图 3-73 所示。选择钢笔工具 ，在属性栏的"选择工具模式"选项中选择"路径"，在图
像窗口中沿着实物轮廓绘制路径，如图 3-74 所示。

图 3-73   图 3-74

（2）按住 Ctrl 键，钢笔工具 会转换为直接选择工具 ，如图 3-75 所示。拖曳路径中的锚点
来改变路径的弧度，如图 3-76 所示。

图 3-75   图 3-76

（3）将鼠标指针移动到路径上，钢笔工具 会转换为添加锚点工具 ，如图 3-77 所示，在路
径上单击以添加锚点，如图 3-78 所示。按住 Ctrl 键，钢笔工具 会转换为直接选择工具 ，拖曳
路径中的锚点来改变路径的弧度，如图 3-79 所示。

图 3-77   图 3-78   图 3-79

（4）用相同的方法调整路径，效果如图 3-80 所示。单击属性栏中的"路径操作"按钮 ，在弹
出的菜单中选择"排除重叠形状"命令，在适当的位置再次绘制多个路径，如图 3-81 所示。按

Ctrl+Enter 组合键, 将路径转换为选区, 如图 3-82 所示。

图 3-80   图 3-81   图 3-82

（5）按 Ctrl+N 组合键, 弹出"新建文档"对话框, 设置宽度为 750 像素, 高度为 200 像素, 分辨率为 72 像素/英寸, 颜色模式为 RGB, 背景内容为浅蓝色 (232、239、248), 单击"创建"按钮, 新建文档。

（6）选择移动工具, 将选区中的图像拖曳到新建的图像窗口中, 如图 3-83 所示。"图层"控制面板中将生成新的图层, 将其命名为"包包"。按 Ctrl+T 组合键, 图像周围会出现变换框, 拖曳鼠标调整图像的大小和位置, 按 Enter 键确认操作, 效果如图 3-84 所示。

图 3-83   图 3-84

（7）新建图层并将其命名为"投影"。选择椭圆选框工具, 在属性栏中将"羽化"选项设为 5, 在图像窗口中拖曳鼠标绘制椭圆选区。按 Alt+Delete 组合键, 用前景色填充选区。按 Ctrl+D 组合键, 取消选区, 效果如图 3-85 所示。在"图层"控制面板中将"投影"图层拖曳到"包包"图层的下方, 效果如图 3-86 所示。

图 3-85   图 3-86

（8）选择"包包"图层。按 Ctrl+O 组合键, 打开本书云盘中的"Ch03 > 素材 > 制作箱包 App 主页 Banner > 02"文件。选择"移动"工具, 将 02 图像窗口选区中的图像拖曳到 01 图像窗口中适当的位置, 如图 3-87 所示。"图层"控制面板中将生成新图层, 将其命名为"文字"。箱包 App 主页 Banner 制作完成。

图 3-87

3.3.4 【相关工具】

1. 钢笔工具

选择钢笔工具 ⌀，或反复按 Shift+P 组合键，其属性栏如图 3-88 所示。

按住 Shift 键创建锚点时，将以 45° 或 45° 的倍数绘制路径。按住 Alt 键，将鼠标指针移到锚点上时，钢笔工具 ⌀ 将暂时转换为转换点工具 ⋀。按住 Ctrl 键，钢笔工具 ⌀ 将暂时转换为直接选择工具 ▸。

图 3-88

绘制直线：选择钢笔工具 ⌀，在属性栏的"选择工具模式"选项中选择"路径"，钢笔工具 ⌀ 绘制的将是路径。如果选择"形状"选项，将绘制出形状图层。勾选"自动添加/删除"复选框，可以在选取的路径上自动添加和删除锚点。

在图像中任意位置单击，创建一个锚点，将鼠标指针移动到其他位置再次单击，创建第 2 个锚点，两个锚点之间自动以直线段进行连接，如图 3-89 所示。再将鼠标指针移动到其他位置并单击，创建第 3 个锚点，系统将在第 2 个和第 3 个锚点之间生成一条新的直线段，如图 3-90 所示。

图 3-89

图 3-90

绘制曲线：选择钢笔工具 ⌀，单击建立新的锚点并按住鼠标左键不放，拖曳鼠标，建立曲线段和曲线锚点，如图 3-91 所示。释放鼠标，按住 Alt 键的同时，单击刚建立的曲线锚点，如图 3-92 所示，将其转换为直线锚点。在其他位置再次单击建立下一个新的锚点，在曲线段后绘制出直线段，如图 3-93 所示。

图 3-91

图 3-92

图 3-93

2. 添加锚点工具

将钢笔工具 ⌀ 移动到建立好的路径上，若当前此处没有锚点，则钢笔工具 ⌀ 转换成添加锚点工具 ⌀，如图 3-94 所示。在路径上单击可以添加一个锚点，效果如图 3-95 所示。

图 3-94

图 3-95

将钢笔工具 ⬙ 移动到建立好的路径上，若当前此处没有锚点，则钢笔工具 ⬙ 转换成添加锚点工具 ⬙，如图 3-96 所示。单击添加锚点后按住鼠标左键不放，向上拖曳鼠标，可以建立曲线段和曲线点，效果如图 3-97 所示。

图 3-96

图 3-97

3. 删除锚点工具

将钢笔工具 ⬙ 放到直线路径的锚点上，钢笔工具 ⬙ 会转换成删除锚点工具 ⬙，如图 3-98 所示。单击锚点将其删除，效果如图 3-99 所示。

图 3-98

图 3-99

将钢笔工具 ⬙ 放到曲线路径的锚点上，钢笔工具 ⬙ 会转换成删除锚点工具 ⬙，如图 3-100 所示。单击锚点将其删除，效果如图 3-101 所示。

图 3-100

图 3-101

4．转换点工具

使用钢笔工具 ，在图像中绘制三角形路径，如图 3-102 所示。当要闭合路径时，鼠标指针变为
图标，单击即可闭合路径，完成三角形路径的绘制，如图 3-103 所示。

选择转换点工具 ，将鼠标指针放置在三角形右上角的锚点上，如图 3-104 所示。单击锚点并
将其向右下方拖曳以形成曲线点，如图 3-105 所示。使用相同的方法将三角形其他的锚点转换为曲线
点，如图 3-106 所示。绘制完成后，路径的效果如图 3-107 所示。

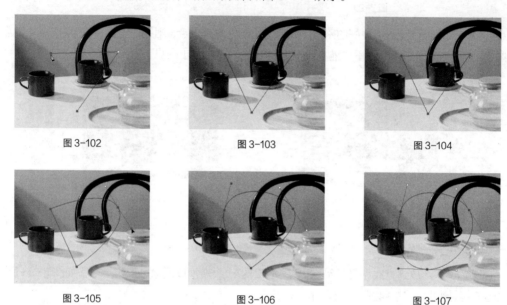

图 3-102　　　　　　　　　　图 3-103　　　　　　　　　　图 3-104

图 3-105　　　　　　　　　　图 3-106　　　　　　　　　　图 3-107

5．路径与选区的转换

◎ 将选区转换为路径

在图像上绘制选区，如图 3-108 所示。单击"路径"控制面板右上方的 按钮，在弹出的菜单
中选择"建立工作路径"命令，弹出"建立工作路径"对话框，将"容差"选项设置为转换时允许的
误差范围，数值越小越精确，路径上的关键点也越多。如果要编辑生成的路径，在此处设定的数值最
好为 2，如图 3-109 所示。单击"确定"按钮，将选区转换为路径，效果如图 3-110 所示。

图 3-108　　　　　　　　　　图 3-109　　　　　　　　　　图 3-110

单击"路径"控制面板下方的"从选区生成工作路径"按钮 ，也可以将选区转换为路径。

◎ 将路径转换为选区

在图像中创建路径。单击"路径"控制面板右上方的 按钮，在弹出的菜单中选择"建立选区"

命令，弹出"建立选区"对话框，如图 3-111 所示。设置完成后，单击"确定"按钮，将路径转换为选区，效果如图 3-112 所示。

图 3-111

图 3-112

单击"路径"控制面板下方的"将路径作为选区载入"按钮，也可以将路径转换为选区。

3.3.5 【实战演练】制作运动产品 App 主页 Banner

使用钢笔工具、添加锚点工具和直接选择工具绘制并调整路径，使用选区和路径的转换命令进行转换，使用移动工具添加鞋和文字，使用投影命令为图片添加阴影效果，使用"色相/饱和度"命令、"曲线"命令调整图片颜色。最终效果参看云盘中的"Ch03 > 效果 > 制作运动产品 App 主页 Banner.psd"，如图 3-113 所示。

微课

图 3-113

制作运动产品 App
主页 Banner

3.4 综合演练——制作食品餐饮类电商 Banner

3.4.1 【案例分析】

面香园是一家中小型饭店，招牌菜品为牛肉拉面。本案例是为其设计制作一款 Banner，要求画面主题明确，突出招牌菜品。

3.4.2 【设计理念】

在设计过程中，以红色为 Banner 背景主色调，营造热情的氛围。前景中的招牌牛肉面实物图片颜色饱满，搭配飘散的热气图案，使画面更具层次感和设计感，令人垂涎欲滴。

3.4.3 【知识要点】

使用椭圆选框工具抠出拉面，使用魔棒工具抠出牛肉和葱花，使用磁性套索工具抠出辣椒，使用自由变换工具调整图像大小，使用"羽化"命令制作投影效果。最终效果参看云盘中的"Ch03 > 效果 > 制作食品餐饮类电商 Banner.psd"，如图 3-114 所示。

微课

制作食品餐饮类
电商 Banner

图 3-114

3.5 综合演练——制作电商 App 主页 Banner

3.5.1 【案例分析】

文森艾德是一个网上购物平台,商品以家电为主，现推出家电换新活动。本案例是为其 App 主页设计制作 Banner，用于平台宣传，要求设计突出活动主题和优惠信息。

3.5.2 【设计理念】

在设计过程中，使用明亮的背景色给人活力四射的感觉。Banner 的前景以电器图片为主要元素，凸显产品的丰富。将醒目的宣传文字置于 Banner 中正的彩色图形上，更能抓住人们的视线。

3.5.3 【知识要点】

使用移动工具添加素材图片，使用钢笔工具抠出立体空调，使用图层样式为立体空调添加投影，使用"置入嵌入对象"命令置入图片。最终效果参看云盘中的"Ch03 > 效果 > 制作电商 App 主页 Banner.psd"，如图 3-115 所示。

微课

制作电商 App
主页 Banner

图 3-115

04 第4章
App 页面设计

App 页面设计即对移动应用的页面进行设计，App 页面是最终呈现给用户的结果，涉及版面布局、颜色搭配、字体设置等多项内容。本章以多个类型的 App 页面设计为例，讲解 App 页面的设计方法与制作技巧。

课堂学习目标

- 掌握 App 页面的设计思路和设计手法
- 掌握 App 页面的制作方法和技巧

素养目标

- 培养学生对 App 页面设计的兴趣
- 加深学生对祖国秀美风光的热爱

4.1 制作旅游类 App 闪屏页

4.1.1 【案例分析】

去旅行 App 是一个综合性旅行服务平台，可以向用户提供集酒店预订、旅游资讯分享在内的多方位旅行服务。本案例是为该 App 首页设计制作闪屏页，要求风格简洁，品类特色鲜明。

4.1.2 【设计理念】

在设计过程中，采用整幅的水上休闲娱乐照片作为背景，给人轻松惬意的感觉，激发人们出游的热情。画面中间放置简洁的品牌文字，令宣传更有力度。最终效果参看云盘中的"Ch04/效果/制作旅游类 App 闪屏页.psd"，如图 4-1 所示。

微课

制作旅游类 App
闪屏页

图 4-1

4.1.3 【操作步骤】

（1）按 Ctrl+N 组合键，弹出"新建文档"对话框，设置宽度为 750 像素，高度为 1624 像素，分辨率为 72 像素/英寸，颜色模式为 RGB，背景内容为白色，单击"创建"按钮，新建文档。

（2）按 Ctrl+O 组合键，打开本书云盘中的"Ch04 > 素材 > 制作旅游类 App 闪屏页 > 01"文件，选择"移动"工具 ⊕，将图片拖曳到新建图像窗口中适当的位置，效果如图 4-2 所示。"图层"控制面板中将生成新的图层，将其命名为"背景图"。

（3）选择"图像 > 调整 > 色阶"命令，在弹出的对话框中进行设置，如图 4-3 所示。单击"确定"按钮，效果如图 4-4 所示。

（4）按 Ctrl+O 组合键，打开本书云盘中的"Ch04 > 素材 > 制作旅游类 App 闪屏页 > 02"文件，选择移动工具 ⊕，将图片拖曳到新建图像窗口中适当的位置，效果如图 4-5 所示。"图层"控制面板中将生成新的图层，将其命名为"状态栏"。

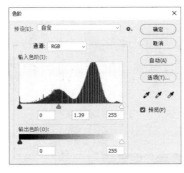

图 4-2　　　　　　　　　　图 4-3　　　　　　　　　　图 4-4

（5）单击"图层"控制面板下方的"添加图层样式"按钮 **fx**，在弹出的菜单中选择"颜色叠加"命令，在弹出的对话框中将"叠加颜色"设为白色，其他选项的设置如图 4-6 所示。单击"确定"按钮，效果如图 4-7 所示。

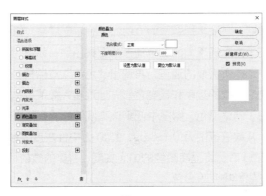

图 4-5　　　　　　　　　　图 4-6　　　　　　　　　　图 4-7

（6）按 Ctrl+O 组合键，打开本书云盘中的"Ch04 > 素材 > 制作旅游类 App 闪屏页 > 03"文件，选择"移动"工具 ⊕，将图片拖曳到新建图像窗口中适当的位置，效果如图 4-8 所示。"图层"控制面板中将生成新的图层，将其命名为"logo"。

（7）按 Ctrl+O 组合键，打开本书云盘中的"Ch04 > 素材 > 制作旅游类 App 闪屏页 > 04"文件，选择移动工具 ⊕，将图片拖曳到新建图像窗口中适当的位置，效果如图 4-9 所示。"图层"控制面板中将生成新的图层，将其命名为"Home Indicator"。旅游类 App 闪屏页制作完成。

图 4-8　　　　　　　　　　图 4-9

4.1.4 【相关工具】

1. 色阶

打开一张图片，如图 4-10 所示。选择"图像 >调整 > 色阶"命令，或按 Ctrl+L 组合键，弹出"色阶"对话框，如图 4-11 所示。

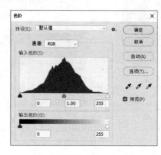

图 4-10   图 4-11

对话框中间是一个直方图，其横坐标范围为 0~255，表示亮度值；纵坐标为图像的像素数。

通道：可以从其下拉列表中选择不同的颜色通道来调整图像，如果想选择两个以上的颜色通道，要先在"通道"控制面板中选择所需要的通道，再调出"色阶"对话框。

输入色阶：控制图像选定区域的最暗和最亮色彩，通过输入数值或拖曳三角形滑块来调整图像。左侧的数值框和黑色滑块用于调整黑色，图像中低于该亮度值的所有像素将变为黑色。中间的数值框和灰色滑块用于调整灰度，其数值范围为 0.1~9.99，1.00 为中性灰度，数值大于 1.00 时，将降低图像的中间灰度；数值小于 1.00 时，将提高图像的中间灰度。右侧的数值框和白色滑块用于调整白色，图像中高于该亮度值的所有像素将变为白色。

调整"输入色阶"选项的 3 个滑块后，图像产生的不同色彩效果如图 4-12 所示。

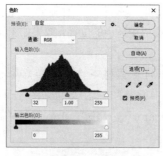

图 4-12

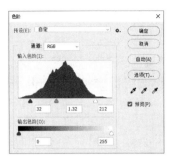

图 4-12（续）

　　输出色阶：可以通过输入数值或拖曳三角形滑块来控制图像的亮度范围。左侧数值框和黑色滑块用于调整图像最暗像素的亮度；右侧数值框和白色滑块用于调整图像最亮像素的亮度。输出色阶的调整将增加图像的灰度，降低图像的对比度。

　　调整"输出色阶"选项的两个滑块后，图像产生的不同色彩效果如图 4-13 所示。

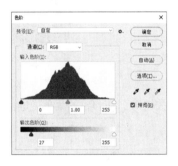

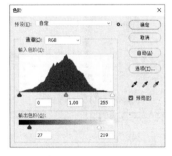

图 4-13

　　自动(A)：可以自动调整图像并设置层次。

　　选项(T)...：单击此按钮，弹出"自动颜色校正选项"对话框，系统将以 0.10% 的色阶调整幅度来对图像进行加亮和压暗。

　　取消：按住 Alt 键，其转换为 复位 按钮，单击此按钮可以将调整过的色阶复位，以便重新进行设置。

　　分别为黑色吸管工具、灰色吸管工具和白色吸管工具。选中黑色吸管工具，在图像中单击，图像中暗于单击点的所有像素都会变为黑色；用灰色吸管工具在图像中单击，单击点的像素都会变为灰色，图像中的其他颜色也会相应地调整；用白色吸管工具在图像中单击，图像中亮于单击点的所有像素都会变为白色。双击任意吸管工具，在弹出的颜色选择对话框中可以设置吸管颜色。

预览：勾选此复选框，可以即时显示图像的调整效果。

2. 阴影/高光

打开一张图片，如图 4-14 所示。选择"图像 > 调整 > 阴影/高光"命令，弹出"阴影/高光"对话框，勾选"显示更多选项"复选框，各选项的设置如图 4-15 所示。单击"确定"按钮，效果如图 4-16 所示。

图 4-14   图 4-15   图 4-16

3. 图层样式

单击"图层"控制面板下方的"添加图层样式"按钮 _fx_ ，在弹出的菜单中选择不同的图层样式命令，生成的效果如图 4-17 所示。

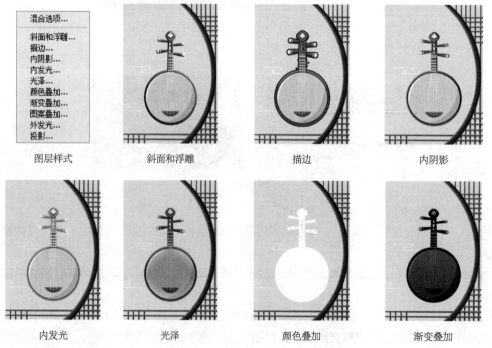

图层样式   斜面和浮雕   描边   内阴影

内发光   光泽   颜色叠加   渐变叠加

图 4-17

图案叠加 外发光 投影

图 4-17（续）

用鼠标右键单击要复制样式的图层，在弹出的菜单中选择"拷贝图层样式"命令；再选择要粘贴样式的图层，单击鼠标右键，在弹出的菜单中选择"粘贴图层样式"命令即可。选中要清除样式的图层，单击鼠标右键，从菜单中选择"清除图层样式"命令，即可将图像中添加的样式清除。

4.1.5 【实战演练】制作旅游类 App 引导页

使用"置入嵌入对象"命令置入图像和图标，使用"渐变叠加"命令和"颜色叠加"命令添加相应的效果，使用横排文字工具输入文字，使用矩形工具绘制按钮。最终效果参看云盘中的"Ch04 > 效果 > 制作旅游类 App 引导页.psd"，如图 4-18 所示。

微课

制作旅游类 App
引导页

图 4-18

4.2 制作旅游类 App 首页

4.2.1 【案例分析】

畅游旅游是一家旅行服务公司，可为游客提供酒店预订、机票预订、行程设计等旅行服务。本案例是为其 App 设计制作首页，要求内容丰富，突出公司业务的全面性。

4.2.2 【设计理念】

在设计过程中，背景颜色选择白色，能更好地衬托首页的多个模块。页面合理布局，模块划分清晰、明确，方便用户根据自己的需求进行查阅。最终效果参看云盘中的"Ch04/效果/制作旅游类 App 首页.psd"，如图 4-19 所示。

微课　　　　　　　微课

制作旅游类 App　　制作旅游类 App
首页 1　　　　　　首页 2

图 4-19

4.2.3 【操作步骤】

1. 制作 Banner 区域和状态栏区域

（1）按 Ctrl+N 组合键，弹出"新建文档"对话框，设置宽度为 750 像素，高度为 2086 像素，分辨率为 72 像素/英寸，颜色模式为 RGB，背景内容为白色，单击"创建"按钮，新建文档。

（2）选择圆角矩形工具 ⬭，将属性栏中的"选择工具模式"选项设为"形状"，在图像窗口中适当的位置绘制圆角矩形，效果如图 4-20 所示。"图层"控制面板中将生成新的图层"圆角矩形 1"。

（3）选择"窗口 > 属性"命令，在弹出的"属性"控制面板中进行设置，如图 4-21 所示，图像窗口中的效果如图 4-22 所示。

图 4-20　　　　　　　　　　　图 4-21　　　　　　　　　　　图 4-22

（4）按 Ctrl+O 组合键，打开本书云盘中的"Ch04 > 素材 > 制作旅游类 App 首页 > 01"文件，选择"移动"工具 ⊕，将 01 图片拖曳到图像窗口中的适当位置并调整其大小，效果如图 4-23 所示。"图层"控制面板中将生成新的图层，将其命名为"底图"，如图 4-24 所示。按 Alt+Ctrl+G 组合键创建剪贴蒙版，效果如图 4-25 所示。

图 4-23　　　　　　　　　　图 4-24　　　　　　　　　　图 4-25

（5）选择"文件 > 置入嵌入对象"命令，在弹出的"置入嵌入的对象"对话框中，选择本书云盘中的"Ch04 > 素材 > 制作旅游类 App 首页 > 02"文件，单击"置入"按钮，将 02 图像置入图像窗口中，并拖曳到适当的位置，按 Enter 键确认操作，效果如图 4-26 所示。"图层"控制面板中将生成新的图层，将其命名为"树"。按 Alt+Ctrl+G 组合键创建剪贴蒙版，效果如图 4-27 所示。

图 4-26　　　　　　　　　　　　　　　　图 4-27

（6）单击"图层"控制面板下方的"添加图层样式"按钮 fx，在弹出的菜单中选择"描边"命令，在弹出的对话框中进行设置，如图 4-28 所示。单击"确定"按钮，效果如图 4-29 所示。

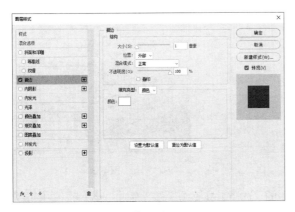 

图 4-28　　　　　　　　　　　　　　　　图 4-29

（7）选择横排文字工具 T，在适当的位置输入需要的文字并选中文字。在"字符"控制面板中将"颜色"设为白色（255、255、255），其他选项的设置如图 4-30 所示。按 Enter 键确认操作，效果如图 4-31 所示，"图层"控制面板中将生成新的文字图层。选择横排文字工具 ，选中文字"6"，"字符"控制面板中的设置如图 4-32 所示，效果如图 4-33 所示。

图 4-30   图 4-31   图 4-32

（8）选择横排文字工具 **T.**，在适当的位置输入需要的文字并选中文字。在"字符"控制面板中将"颜色"设为白色（255、255、255），其他选项的设置如图 4-32 所示。按 Enter 键确认操作，效果如图 4-34 所示，"图层"控制面板中将生成新的文字图层。

图 4-33   图 4-34

（9）在"图层"控制面板中设置"填充"选项为 0%。单击"图层"控制面板下方的"添加图层样式"按钮 **fx.**，在弹出的菜单中选择"描边"命令，在弹出的对话框中进行设置，如图 4-35 所示。单击"确定"按钮，效果如图 4-36 所示。

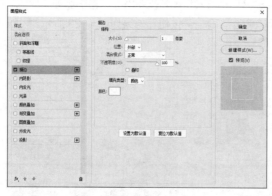

图 4-35   图 4-36

（10）选择圆角矩形工具 **◯.**，将属性栏中的"选择工具模式"选项设为"形状"，在图像窗口中适当的位置绘制圆角矩形。"图层"控制面板中将生成新的图层"圆角矩形 2"。在"属性"控制面板中进行设置，如图 4-37 所示，图像窗口中的效果如图 4-38 所示。

图 4-37

图 4-38

（11）单击"图层"控制面板下方的"添加图层样式"按钮 fx ，在弹出的菜单中选择"描边"命令，在弹出的对话框中将"颜色"设为浅黄色（255、248、234），其他选项的设置如图 4-39 所示。

（12）勾选"渐变叠加"复选框，切换到相应的面板，单击"渐变"选项右侧的"点按可编辑渐变"按钮 ▇▇▇▇▇ ，弹出"渐变编辑器"对话框，将渐变颜色设为从橘黄色（255、137、51）到浅橘黄色（250、175、137），如图 4-40 所示，单击"确定"按钮。返回到"图层样式"对话框，其他选项的设置如图 4-41 所示。单击"确定"按钮，效果如图 4-42 所示。

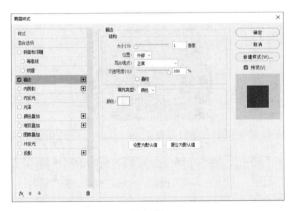

图 4-39

图 4-40

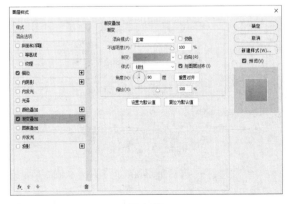

图 4-41

图 4-42

（13）选择横排文字工具 **T.**，在适当的位置输入需要的文字并选中文字。在"字符"控制面板中将"颜色"设为白色（255、255、255），其他选项的设置如图 4-43 所示。按 Enter 键确认操作，效果如图 4-44 所示，"图层"控制面板中将生成新的文字图层。

图 4-43　　　　　　　　　　图 4-44

（14）选择钢笔工具 **∂.**，将属性栏中的"选择工具模式"选项设为"形状"，"填充"选项设为无，描边颜色设为白色，"形状描边宽度"选项设为 1 像素，在图像窗口中适当的位置绘制图形。"图层"控制面板中将生成新的图层"形状 1"。图像窗口中的效果如图 4-45 所示。用相同的方法绘制多条装饰线，效果如图 4-46 所示。

图 4-45　　　　　　　　　　图 4-46

（15）按住 Shift 键的同时单击"形状 1"图层，将两个图层及它们之间的所有图层同时选中。按 Ctrl+G 组合键，编组图层并将其命名为"装饰"，如图 4-47 所示。按住 Shift 键的同时，单击"圆角矩形 1"图层，将两个图层及它们之间的所有图层同时选中。按 Ctrl+G 组合键，编组图层并将其命名为"Banner"，如图 4-48 所示。

图 4-47　　　　　　　　　　图 4-48

（16）选择"文件 > 置入嵌入对象"命令，在弹出的"置入嵌入的对象"对话框中选择本书云盘中的"Ch04 > 素材 > 制作旅游类 App 首页 > 03"文件，单击"置入"按钮，将 03 图像置入图像窗口中，并将其拖曳到适当的位置，按 Enter 键确认操作，效果如图 4-49 所示。"图层"控制面板中将生成新的图层，将其命名为"状态栏"。按 Ctrl+G 组合键，群组图层并将其命名为"状态栏"，如图 4-50 所示。

图 4-49

图 4-50

2. 制作导航栏区域

（1）选择圆角矩形工具 ，将属性栏中的"选择工具模式"选项设为"形状"，在图像窗口中适当的位置绘制圆角矩形。"图层"控制面板中将生成新的图层"圆角矩形 3"。在"属性"控制面板中进行设置，如图 4-51 所示，图像窗口中的效果如图 4-52 所示。

图 4-51

图 4-52

（2）按 Ctrl+J 组合键复制图层，生成"圆角矩形 3拷贝"图层。双击"圆角矩形 3拷贝"图层的缩略图，在弹出的"拾色器（纯色）"对话框中设置颜色为深绿色（77、105、110），效果如图 4-53 所示。

（3）在"属性"控制面板中进行设置，如图 4-54 所示。图像窗口中的效果如图 4-55 所示。

图 4-53

图 4-54

图 4-55

（4）在"属性"控制面板中，单击"蒙版"按钮，其他选项的设置如图 4-56 所示。图像窗口中的效果如图 4-57 所示。在"图层"控制面板中将"圆角矩形 3 拷贝"图层拖曳到"圆角矩形 3"图层的下方，图像窗口中的效果如图 4-58 所示。

图 4-56

图 4-57

图 4-58

（5）选中"圆角矩形 3"图层。选择"文件 > 置入嵌入对象"命令，在弹出的"置入嵌入的对象"对话框中选择本书云盘中的"Ch04 > 素材 > 制作旅游类 App 首页 > 04"文件，单击"置入"按钮，将 04 图像置入图像窗口中，并拖曳到适当的位置，按 Enter 键确认操作，效果如图 4-59 所示。"图层"控制面板中将生成新的图层，将其命名为"搜索"。

（6）选择横排文字工具，在适当的位置输入需要的文字并选中文字。在"字符"控制面板中将"颜色"设为灰色（193、193、193），其他选项的设置如图 4-60 所示。按 Enter 键确认操作，效果如图 4-61 所示，"图层"控制面板中将生成新的文字图层。

图 4-59

图 4-60

图 4-61

（7）用相同的方法制作出图 4-62 所示的效果。按住 Shift 键的同时，单击"圆角矩形 3 拷贝"图层，将两个图层及它们之间的所有图层同时选中。按 Ctrl+G 组合键，编组图层并将其命名为"导航栏"，如图 4-63 所示。

图 4-62

图 4-63

（8）选择圆角矩形工具 ▢，将属性栏中的"选择工具模式"选项设为"形状"，在图像窗口中适当的位置绘制圆角矩形。"图层"控制面板中将生成新的图层"圆角矩形 5"。在"属性"控制面板中进行设置，如图 4-64 所示，图像窗口中的效果如图 4-65 所示。

图 4-64

图 4-65

（9）选择椭圆工具 ◯，将属性栏中的"选择工具模式"选项设为"形状"，在图像窗口中适当的位置绘制圆角矩形。"图层"控制面板中将生成新的图层"椭圆 1"。在"属性"控制面板中进行设置，如图 4-66 所示，图像窗口中的效果如图 4-67 所示。

图 4-66

图 4-67

（10）按 Ctrl+J 组合键 4 次，复制图层，并将最上面的圆形水平向右拖曳到适当的位置，效果如图 4-68 所示。按住 Shift 键的同时单击"椭圆 1"图层，将两个图层及它们之间的所有图层同时选中。选择移动工具 ✛，在属性栏中单击"水平居中分布"按钮 ▮▮，使选中的图层水平居中对齐，效果如图 4-69 所示。

图 4-68

图 4-69

（11）按 Ctrl+E 组合键，合并选中的图层，并将其命名为"椭圆 1"。在"图层"控制面板中将"不透明度"选项设为 60%，如图 4-70 所示。图像窗口中的效果如图 4-71 所示。按住 Shift 键的同时单击"圆角矩形 5"图层，将两个图层同时选中。按 Ctrl+G 组合键，编组图层并将其命名为"滑动轴"，如图 4-72 所示。

图 4-70   图 4-71   图 4-72

（12）按 Ctrl+O 组合键，打开本书云盘中的"Ch04 > 素材 > 制作旅游类 APP 首页 > 05"文件，如图 4-73 所示。在"图层"控制面板中，用鼠标右键单击"金刚区"图层组，在弹出的菜单中选择"复制组"命令，在弹出的"复制组"对话框中将"文档"选项设为新建的文档，单击"确定"按钮，复制图层组到新建文档窗口中，如图 4-74 所示。

图 4-73   图 4-74

（13）选择移动工具 ✛，拖曳图层组到图像窗口中的适当位置，效果如图 4-75 所示。用上述方法制作出图 4-76 所示的效果。旅游类 App 首页制作完成。

图 4-75   图 4-76

4.2.4 【相关工具】

1. 矩形工具

选择矩形工具 ▢，或反复按 Shift+U 组合键，其属性栏如图 4-77 所示。

图 4-77

形状 ∨：用于选择工具的模式，包括形状、路径和像素。填充：■ 描边：✎ 1像素 ∨ ——：用于设置矩形的填充颜色、描边颜色、描边宽度和描边类型。W：0像素 ∞ H：0像素：用于设置矩形的宽度和高度。□ 乚 ᴴ 吕：用于设置路径的组合方式、对齐方式和排列方式。✿：用于设置所绘制矩形的形状。对齐边缘：用于设置边缘是否对齐。

打开一张图片，如图 4-78 所示。在属性栏中将填充颜色设为白色，在图像窗口中绘制矩形，效果如图 4-79 所示，"图层"控制面板如图 4-80 所示。

图 4-78　　　　　　　　　　　图 4-79　　　　　　　　　　　图 4-80

2. 椭圆工具

选择椭圆工具 ○，或反复按 Shift+U 组合键，其属性栏如图 4-81 所示。

图 4-81

打开一张图片。在属性栏中将填充颜色设为白色，在图像窗口中绘制椭圆形，效果如图 4-82 所示，"图层"控制面板如图 4-83 所示。

图 4-82　　　　　　　　　　　图 4-83

3. 圆角矩形工具

选择圆角矩形工具 ▢，或反复按 Shift+U 组合键，其属性栏如图 4-84 所示。属性栏中的内容与矩形工具属性栏中的类似，只增加了"半径"选项，用于设定圆角矩形的圆角半径，数值越大圆角越平滑。

图 4-84

打开一张图片。在属性栏中将填充颜色设为白色，将"半径"选项设为 40 像素，在图像窗口中绘制圆角矩形，效果如图 4-85 所示，"图层"控制面板如图 4-86 所示。

图 4-85

图 4-86

4. 直线工具

选择直线工具 ，或反复按 Shift+U 组合键，其属性栏如图 4-87 所示，其属性栏中的内容与矩形工具属性栏中的类似，只增加了"粗细"选项，用于设定直线段的宽度。

图 4-87

单击属性栏中的 ✿ 按钮，弹出"箭头"面板，如图 4-88 所示。

起点：用于选择位于线段始端的箭头。终点：用于选择位于线段末端的箭头。宽度：用于设定箭头宽度和线段宽度的比值。长度：用于设定箭头长度和线段宽度的比值。凹度：用于设定箭头凹凸的形状。

打开一张图片。在属性栏中将填充颜色设为白色，在图像窗口中绘制不同效果的直线段，如图 4-89 所示，"图层"控制面板如图 4-90 所示。

图 4-88

图 4-89

图 4-90

提示

按住 Shift 键的同时，可以绘制水平或垂直的直线段。

5. 剪贴蒙版

剪贴蒙版是使用某个图层的内容来遮盖其上方的图层，遮盖效果由基底图层决定。

打开一张图片，如图 4-91 所示，"图层"控制面板如图 4-92 所示，按住 Alt 键的同时，将鼠标指针放置到"图片"和"矩形"图层的中间位置，鼠标指针变为 ↓□ 图标，如图 4-93 所示。

| 图 4-91 | 图 4-92 | 图 4-93 |

单击鼠标左键，为图层添加剪贴蒙版，如图 4-94 所示，图像窗口中的效果如图 4-95 所示。选择移动工具 ，可以随便移动"旅游"图层中的图像，效果如图 4-96 所示。

如果要取消剪贴蒙版，可以先选中剪贴蒙版组中上方的图层，然后选择"图层 > 释放剪贴蒙版"命令，或按 Alt+Ctrl+G 组合键。

| 图 4-94 | 图 4-95 | 图 4-96 |

4.2.5 【实战演练】制作旅游类 App 个人中心页

使用圆角矩形工具、矩形工具、椭圆工具和直线工具绘制形状，使用"置入嵌入对象"命令置入图片和图标，使用"创建剪贴蒙版"命令调整图片显示区域，使用"渐变叠加"命令添加效果，使用"属性"控制面板制作弥散投影，使用横排文字工具输入文字。最终效果参看云盘中的"Ch04 > 效果 > 制作旅游类 App 个人中心页.psd"，如图 4-97 所示。

图 4-97

微课

制作旅游类 App
个人中心页 1

微课

制作旅游类 App
个人中心页 2

4.3 综合演练——制作旅游类 App 酒店详情页

4.3.1 【案例分析】

海鲸旅行有限公司是一家专业的旅游服务提供商，专为客户定制旅行方案，帮客户获取丰富多彩的旅行体验。本案例是为其 App 设计制作酒店详情页，要求页面功能结构分明，为顾客的入住提供便利。

4.3.2 【设计理念】

在设计过程中，以白色为背景色，突出酒店的信息，便于浏览。在此基础上以橙色进行点缀，营造出温暖、亲切的氛围。功能设计简洁直观，突出人性化。

4.3.3 【知识要点】

使用圆角矩形工具、矩形工具椭圆工具和直线工具绘制形状，使用"置入嵌入对象"命令置入图片和图标，使用"创建剪贴蒙版"命令调整图片显示区域，使用"属性"控制面板制作弥散投影，使用横排文字工具输入文字。最终效果参看云盘中的"Ch04 > 效果 > 制作旅游类 App 酒店详情页.psd"，如图 4-98 所示。

微课

制作旅游类 App
酒店详情页 1

微课

制作旅游类 App
酒店详情页 2

图 4-98

综合演练——制作旅游类 App 登录页

4.4.1 【案例分析】

本案例是继续优化 4.2 节中的畅游旅游 App，为其设计制作登录页，要求排版简洁大方，便于用户登录。

4.4.2 【设计理念】

在设计过程中，背景使用海岸实景照片，营造轻松、自在的度假氛围。登录文字简洁清晰，结构分明，方便用户操作，体现便捷和高效的产品功能。

4.4.3 【知识要点】

使用圆角矩形工具和直线工具绘制形状，使用"置入嵌入对象"命令置入图片和图标，使用"颜色叠加"命令添加效果，使用横排文字工具输入文字。最终效果参看云盘中的"Ch04 > 效果 > 制作旅游类 App 登录页.psd"，如图 4-99 所示。

图 4-99

微课

制作旅游类 App
登录页

05

第 5 章
H5 页面设计

随着移动互联网的兴起，H5 逐渐成为互联网传播领域的一个重要传播载体，因此学习和掌握 H5 页面的制作方法对广大互联网从业人员来说是很有必要的。本章以多个题材的 H5 页面设计为例，讲解 H5 页面的设计方法和制作技巧。

课堂学习目标

- 掌握 H5 页面的设计思路
- 掌握 H5 页面的制作方法和技巧

素养目标

- 培养学生对 H5 页面设计的兴趣
- 加深学生对中华优秀传统文化的热爱

5.1 制作汽车工业行业活动邀请 H5 页面

5.1.1 【案例分析】

猎豹是一个汽车品牌，主要生产商务轿车和家用汽车。本案例是为该品牌设计制作一款汽车工业行业活动邀请 H5 页面，要求风格大气，突出品牌特色。

5.1.2 【设计理念】

在设计过程中，以自然美景中的汽车照片为底图，营造畅意感，突出品牌理念。在画面的醒目位置放置简洁的宣传文字，令主题更加聚焦。最终效果参看云盘中的"Ch05/效果/制作汽车工业行业活动邀请 H5 页面.psd"，如图 5-1 所示。

图 5-1

5.1.3 【操作步骤】

（1）按 Ctrl+N 组合键，弹出"新建文档"对话框，设置宽度为 750 像素，高度为 1206 像素，分辨率为 72 像素/英寸，颜色模式为 RGB，背景内容为白色，单击"创建"按钮，新建文档。

（2）按 Ctrl+O 组合键，打开本书云盘中的"Ch05 > 素材 > 制作汽车工业行业活动邀请 H5 页面 > 01"文件，如图 5-2 所示。选择移动工具 ✛，将 01 图像拖曳到新建的图像窗口中。"图层"控制面板中将生成新的图层，将其命名为"汽车"。

（3）选择"图像 > 调整 > 照片滤镜"命令，在弹出的对话框中进行设置，如图 5-3 所示。单击"确定"按钮，效果如图 5-4 所示。

图 5-2

图 5-3

图 5-4

（4）按 Ctrl+L 组合键，弹出"色阶"对话框，各选项的设置如图 5-5 所示。单击"确定"按钮，效果如图 5-6 所示。

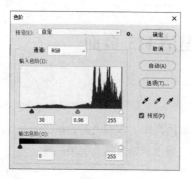

图 5-5　　　　　　　　　　　　　　　　　　图 5-6

（5）选择"图像 > 调整 > 亮度/对比度"命令，在弹出的对话框中进行设置，如图 5-7 所示。单击"确定"按钮，效果如图 5-8 所示。

图 5-7　　　　　　　　　　　　　　　　　　图 5-8

（6）选择横排文字工具 **T**，在适当的位置输入需要的文字并选中文字。选择"窗口 > 字符"命令，弹出"字符"控制面板，在面板中将"颜色"设为黑色，其他选项的设置如图 5-9 所示，按 Enter 键确认操作，效果如图 5-10 所示。再次在适当的位置输入需要的文字并选中文字，在"字符"控制面板中进行设置，如图 5-11 所示。按 Enter 键确认操作，效果如图 5-12 所示，"图层"控制面板中将分别生成新的文字图层。汽车工业行业活动邀请 H5 页面制作完成。

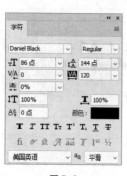

图 5-9　　　　　　　　图 5-10　　　　　　　　图 5-11　　　　　　　　图 5-12

5.1.4 【相关工具】

1. "照片滤镜"命令

"照片滤镜"命令用于模仿传统相机的滤镜效果处理图像,通过调整图片颜色可以获得各种效果。

打开一张图片,如图 5-13 所示。选择"图像 > 调整 > 照片滤镜"命令,弹出"照片滤镜"对话框,如图 5-14 所示。在对话框的"滤镜"选项中选择颜色调整的过滤模式。单击"颜色"选项右侧的色块,弹出"拾色器"对话框,可以在其中设置精确的颜色来对图片进行过滤。拖动"密度"选项的滑块,设置过滤颜色的百分比。

图 5-13

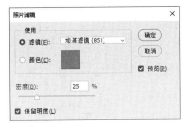

图 5-14

勾选"保留明度"复选框进行调整时,图片的明亮度保持不变;取消勾选时,则图片的全部颜色都随之改变,效果如图 5-15 和图 5-16 所示。

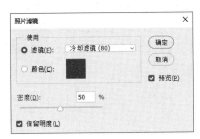

图 5-15

图 5-16

2. "亮度/对比度"命令

"亮度/对比度"命令可以用来调节整个图像的亮度和对比度。打开一幅图像,如图 5-17 所示。选择"亮度/对比度"命令,弹出"亮度/对比度"对话框,如图 5-18 所示。

图 5-17

图 5-18

在对话框中，可以通过拖曳"亮度"和"对比度"滑块来调整图像的亮度和对比度，具体设置如图 5-19 所示，单击"确定"按钮，效果如图 5-20 所示。

图 5-19

图 5-20

3. "HDR 色调"命令

打开一幅图像。选择"图像 > 调整 > HDR 色调"命令，弹出"HDR 色调"对话框，如图 5-21 所示，单击"确定"按钮，可以改变图像 HDR 的对比度和曝光度，效果如图 5-22 所示。

边缘光：用于控制调整的范围和强度。色调和细节：用于调节图像曝光度，以及在阴影、高光区域中细节的呈现。高级：用于调节图像色彩的饱和度。色调曲线和直方图：显示照片直方图，并提供用于调整图像色调的曲线。

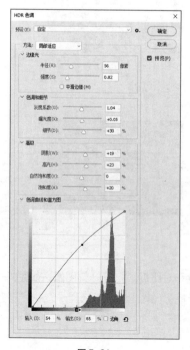

图 5-21

图 5-22

5.1.5 【实战演练】制作食品餐饮行业产品介绍 H5 页面

使用移动工具和"HDR 色调"命令调整图像，使用横排文字工具和图层样式添加文字与样式。最终效果参看云盘中的"Ch05 > 效果 > 制作食品餐饮行业产品介绍 H5 页面.psd"，如图 5-23 所示。

微课

制作食品餐饮行业
产品介绍 H5 页面

图 5-23

5.2 制作假日主题活动 H5 页面

5.2.1 【案例分析】

红阳阳旅行社是一家旅游公司，提供车辆出租、带团旅行等服务。本案例是为该公司的春季特惠旅游活动设计制作 H5 页面，要求加入传统元素，设计风格清新。

5.2.2 【设计理念】

在设计过程中，以春分节气主题的插画为底图，营造春暖花开，草长莺飞的氛围。画面上方的风筝元素增添了生机与趣味，一角的帐篷元素激起了人们在假日踏春、出游的欲望，呼应宣传主题。最终效果参看云盘中的"Ch05/效果/制作假日主题活动 H5 页面.psd"，如图 5-24 所示。

微课

制作假日主题
活动 H5 页面

图 5-24

5.2.3 【操作步骤】

（1）按 Ctrl+N 组合键，弹出"新建文档"对话框，设置宽度为 1242 像素，高度为 2208 像素，分辨率为 72 像素/英寸，颜色模式为 RGB，背景内容为白色，单击"创建"按钮，新建文档。

（2）选择"文件 > 置入嵌入对象"命令，在弹出的"置入嵌入的对象"对话框中选择本书云盘中的"Ch05 > 素材 > 制作假日主题活动 H5 页面 > 01"文件，单击"置入"按钮，将图片置入图像窗口中，按 Enter 键确认操作，效果如图 5-25 所示。"图层"控制面板中将生成新的图层，将其命名为"纹理"，如图 5-26 所示。

图 5-25　　　　　　　　　　　　　　图 5-26

（3）选择"滤镜 > 像素化 > 彩块化"命令，为"纹理"图层添加彩块化效果，"图层"控制面板如图 5-27 所示。在"图层"控制面板中双击"彩块化"右侧的 按钮，在弹出的"混合选项（彩块化）"对话框中进行设置，如图 5-28 所示。单击"确定"按钮，效果如图 5-29 所示。

图 5-27　　　　　　　　　图 5-28　　　　　　　　　图 5-29

（4）选择"文件 > 置入嵌入对象"命令，在弹出的"置入嵌入的对象"对话框中选择本书云盘中的"Ch05 > 素材 > 制作假日主题活动 H5 页面 > 02"文件，单击"置入"按钮，将图片置入图像窗口中，按 Enter 键确认操作，效果如图 5-30 所示。"图层"控制面板中将生成新的图层，将其命名为"灰色纹理"，设置"灰色纹理"图层的混合模式为"叠加"，如图 5-31 所示，效果如图 5-32 所示。

图 5-30　　　　　　　　　图 5-31　　　　　　　　　图 5-32

（5）选择"文件 > 置入嵌入对象"命令，在弹出的"置入嵌入的对象"对话框中选择本书云盘中的"Ch05 > 素材 > 制作假日主题活动 H5 页面 > 03"文件，单击"置入"按钮，将图片置入图像窗口中，按 Enter 键确认操作，效果如图 5-33 所示。"图层"控制面板中将生成新的图层，将其命名为"大雁"。

（6）选择"文件 > 置入嵌入对象"命令，在弹出的"置入嵌入的对象"对话框中，选择本书云盘中的"Ch05 > 素材 > 制作假日主题活动 H5 页面 > 04"文件，单击"置入"按钮，将图片置入图像窗口中，按 Enter 键确认操作。"图层"控制面板中将生成新的图层，将其命名为"云彩"，设置"云彩"图层的混合模式为"线性减淡（添加）"，如图 5-34 所示，效果如图 5-35 所示。

图 5-33　　　　　　　　　　图 5-34　　　　　　　　　　图 5-35

（7）用上述方法分别将云盘中的"05""06""07"文件嵌入图像窗口中，并分别将对应图层命名为"云""山""风筝"，效果如图 5-36 ~ 图 5-38 所示。

图 5-36　　　　　　　　　　图 5-37　　　　　　　　　　图 5-38

（8）在"图层"控制面板中选中"风筝"图层，选择"图像 > 调整 > 色相/饱和度"命令，在弹出的"色相/饱和度"对话框中进行设置，如图 5-39 所示。单击"确定"按钮，效果如图 5-40 所示。

图 5-39　　　　　　　　　　　　　　　图 5-40

（9）选择"文件 > 置入嵌入对象"命令，在弹出的"置入嵌入的对象"对话框中选择本书云盘中的"Ch05 > 素材 > 制作假日主题活动 H5 页面 > 08"文件，单击"置入"按钮，将图片置入图像窗口中，按 Enter 键确认操作，效果如图 5-41 所示。"图层"控制面板中将生成新的图层，将其命名为"文字"，如图 5-42 所示。假日主题活动 H5 页面制作完成。

图 5-41

图 5-42

5.2.4 【相关工具】

1."色相/饱和度"命令

"色相/饱和度"命令可以用来调节图像的色相和饱和度。打开一幅图像，如图 5-43 所示。选择"色相/饱和度"命令，或按 Ctrl+U 组合键，弹出"色相/饱和度"对话框，如图 5-44 所示。

图 5-43

图 5-44

　　在对话框中，"预设"选项用于选择要调整的色彩范围，可以通过拖曳各选项中的滑块来调整图像的色相、饱和度和明度。在"全图"选项中选择"红色"，拖曳两条色带间的滑块，可使图像的色彩更符合要求，按图 5-45 所示进行设置，图像效果如图 5-46 所示。

图 5-45

图 5-46

"着色"选项用于在由灰度模式转换而来的颜色模式图像中添加需要的颜色。勾选"着色"复选框，调整"色相/饱和度"对话框中的设置，如图 5-47 所示，图像效果如图 5-48 所示。

图 5-47 图 5-48

2. 图层的混合模式

图层混合模式的设置决定了当前图层中的图像与其下层图层中的图像以何种模式进行混合。

在"图层"控制面板中，正常 用于设定图层的混合模式，共包含 27 种模式。打开图 5-49 所示的图像，"图层"控制面板如图 5-50 所示。

图 5-49 图 5-50

在对"月饼"图层应用不同的图层模式后，图像效果如图 5-51 所示。

正常 溶解 变暗 正片叠底

图 5-51

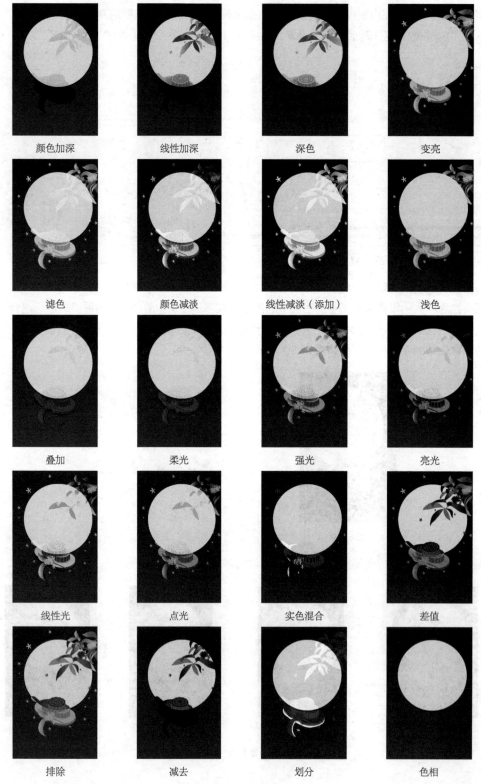

图 5-51（续）

| 饱和度 | 颜色 | 明度 |

图 5-51（续）

3."像素化"滤镜

"像素化"滤镜可以用于将图像分块或将图像平面化。"像素化"命令的子菜单如图 5-52 所示。应用不同滤镜制作出的效果如图 5-53 所示。

彩块化
彩色半调…
点状化…
晶格化…
马赛克
碎片
铜版雕刻…

图 5-52

图 5-53

5.2.5 【实战演练】制作家居装修行业杂志介绍 H5 页面

使用"色相/饱和度""照片滤镜""色阶"调整图层调整图像色调，使用矩形工具、钢笔工具、直接选择工具和椭圆工具绘制装饰图形，使用"置入嵌入对象"命令置入图像。最终效果参看云盘中的"Ch05 > 效果 > 制作家居装修行业杂志介绍 H5 页面.psd"，如图 5-54 所示。

图 5-54

5.3　综合演练——制作传统民间艺术产品营销 H5 页面

5.3.1　【案例分析】

我国拥有丰富多彩的传统民间艺术，每门艺术都有独特的表现形式和风格，"布老虎"就是其中之一。布老虎是用布料制成的虎形玩具，有着浓厚的民间文化背景。本案例是为布老虎设计制作营销 H5 页面，要求突出传统民间艺术的特点。

5.3.2　【设计理念】

在设计过程中，以橙色为背景色，用来衬托红色调的布老虎，营造喜庆的氛围。将布老虎图片置于画面正中，再以"虎"字和传统纹路图案点缀，并将宣传文字置于画面四周，有效地宣传了该项传统民间艺术。

5.3.3　【知识要点】

使用"置入嵌入对象"命令置入图像，使用"马赛克"滤镜制作马赛克效果，使用"色相/饱和度""亮度/对比度""照片滤镜"调整图层调整图像色调。最终效果参看云盘中的"Ch05 > 效果 > 制作传统民间艺术产品营销 H5 页面.psd"，如图 5-55 所示。

图 5-55

5.4 综合演练——制作女装营销活动 H5 首页

5.4.1 【案例分析】

伊美是一家线上服饰店，本案例是为其设计制作女装营销活动 H5 首页。要求设计突出宣传主题，突出新品优惠力度。

5.4.2 【设计理念】

在设计过程中，背景使用绿色和橙色，营造出热力四射的夏日氛围。将身着夏装的模特图片置于画面正文，色调和谐，宣传主题不言而喻。文字的使用醒目突出，达到吸引关注的目的。

5.4.3 【知识要点】

使用矩形选框工具和"描边"命令制作黑色边框，使用"色相/饱和度"和"色阶"命令调整图像色调，使用"置入嵌入对象"命令置入图像，使用"自由变换"命令调整图像大小。最终效果参看云盘中的"Ch05 > 效果 > 制作女装营销活动 H5 首页.psd"，如图 5-56 所示。

图 5-56

微课

制作女装营销活动
H5 首页

06

第6章

海报设计

海报是广告艺术中的一种大众化载体，又名"招贴"或"宣传画"。海报具有尺寸大、远视性强、艺术性高的特点，在宣传媒介中占有重要的地位。本章以多个主题的海报设计为例，讲解海报的设计方法和制作技巧。

课堂学习目标

- 掌握海报的设计思路
- 掌握海报的制作方法和技巧

素养目标

- 培养学生对海报设计的兴趣
- 加深学生对中华优秀传统文化的热爱

6.1 制作婚纱摄影类公众号运营海报

6.1.1 【案例分析】

维拉旅拍是一家专业的婚纱摄影工作室，本案例是为其公众号设计制作一款运营海报，要求设计风格唯美、大方。

6.1.2 【设计理念】

在设计过程中，使用纯色的背景来突出人物。前景中身穿婚纱的模特令人感到浪漫、幸福，也展示出工作室的专业摄影技术。以设计简洁的文字作为画面点缀，令人印象深刻。最终效果参看云盘中的"Ch06/效果/制作婚纱摄影类公众号运营海报.psd"，如图 6-1 所示。

图 6-1

6.1.3 【操作步骤】

（1）按 Ctrl+O 组合键，打开云盘中的"Ch06 > 素材 > 制作婚纱摄影类公众号运营海报 > 01"文件，如图 6-2 所示。

（2）选择钢笔工具 ⊘，将属性栏中的"选择工具模式"选项设为"路径"，沿着人物的轮廓绘制路径，绘制时要避开半透明的婚纱，如图 6-3 所示。

图 6-2

图 6-3

（3）按 Ctrl+Enter 组合键，将路径转换为选区，如图 6-4 所示。单击"通道"控制面板下方的"将选区存储为通道"按钮 ▣，将选区存储为通道，如图 6-5 所示。按 Ctrl+D 组合键，取消选区。

图 6-4

图 6-5

（4）将"红"通道拖曳到"通道"控制面板下方的"创建新通道"按钮 回 上，以复制通道，如图 6-6 所示。选择钢笔工具 ⬦，在图像窗口中绘制路径，如图 6-7 所示。按 Ctrl+Enter 组合键，将路径转换为选区，效果如图 6-8 所示。

图 6-6　　　　　　　　　图 6-7　　　　　　　　　图 6-8

（5）将前景色设为黑色。按 Alt+Delete 组合键，用前景色填充选区。按 Ctrl+D 组合键，取消选区，效果如图 6-9 所示。选择"图像 > 计算"命令，在弹出的对话框中进行设置，如图 6-10 所示。单击"确定"按钮，得到新的通道图像，效果如图 6-11 所示。

图 6-9　　　　　　　　　图 6-10　　　　　　　　　图 6-11

（6）选择"图像 > 调整 > 色阶"命令，在弹出的对话框中进行设置，如图 6-12 所示，单击"确定"按钮，效果如图 6-13 所示。按住 Ctrl 键的同时单击"Alpha 2"通道的缩览图，如图 6-14 所示，载入婚纱选区，效果如图 6-15 所示。

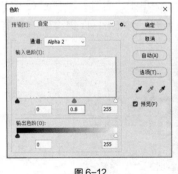

图 6-12　　　　　　　　　图 6-13　　　　　　　　　图 6-14　　　　　　　　　图 6-15

（7）单击"RGB"通道，显示彩色图像。单击"图层"控制面板下方的"添加图层蒙版"按钮 ◻，添加图层蒙版，如图 6-16 所示，抠出婚纱图像，效果如图 6-17 所示。

（8）按 Ctrl+N 组合键，弹出"新建文档"对话框，设置宽度为 750 像素，高度为 1181 像素，分辨率为 72 像素/英寸，颜色模式为 RGB 颜色，背景内容为蓝灰色（143、153、165），单击"创建"按钮，新建文档。

（9）选择移动工具 ⊕，将抠出的婚纱图像拖曳到新建图像窗口中适当的位置，并调整其大小，效果如图 6-18 所示，"图层"控制面板中会生成新的图层，将其命名为"婚纱照"。

图 6-16

图 6-17

图 6-18

（10）按 Ctrl+L 组合键，弹出"色阶"对话框，各选项的设置如图 6-19 所示。单击"确定"按钮，图像效果如图 6-20 所示。

（11）按 Ctrl+O 组合键，打开云盘中的"Ch06 > 素材 > 制作婚纱摄影类公众号运营海报 > 02"文件。选择移动工具 ⊕，将"02"图片拖曳到新建图像窗口中适当的位置，效果如图 6-21 所示，"图层"控制面板中会生成新的图层，将其命名为"文字"。婚纱摄影类公众号运营海报制作完成。

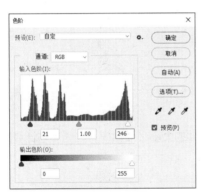

图 6-19

图 6-20

图 6-21

6.1.4 【相关工具】

1. "通道"控制面板

"通道"控制面板可以管理所有的通道并对通道进行编辑。

选择"窗口 > 通道"命令，弹出"通道"控制面板，如图 6-22 所示。该控制面板中存放了当前图像中存在的所有通道。如果选中的只是其中的一个通道，则只有这个通道处于选中状态，通道上将出现一个灰色条。如果想选中多个通道，可以按住 Shift 键，再单击其他通道。通道左侧的眼睛图标 ◉ 用于显示或隐藏颜色通道。

在"通道"控制面板的底部有 4 个工具按钮，如图 6-23 所示。"将通道作为选区载入"按钮 ○：

用于将通道作为选区调出。"将选区存储为通道"按钮 ：用于将选区存入通道中。"创建新通道"按钮 回：用于创建或复制新的通道。"删除当前通道"按钮 ⬛：用于删除当前通道。

单击"通道"控制面板右上方的 ≡ 图标，弹出的菜单如图 6-24 所示，使用这些菜单命令也可以对通道进行编辑。

图 6-22

图 6-23

图 6-24

2. 应用图像

选择"图像 > 应用图像"命令，弹出"应用图像"对话框，如图 6-25 所示。

源：用于选择源文件。图层：用于选择源文件的图层。通道：用于选择源通道。反相：用于在处理前先反转通道中的内容。目标：显示了目标文件的名称、图层、通道及颜色模式等信息。混合：用于选择混合模式，即选择两个通道对应像素的计算方法。不透明度：用于设定图像的不透明度。蒙版：用于加入蒙版以限定选区。

图 6-25

> **提示**
>
> "应用图像"命令要求源文件与目标文件的大小必须相同，因为参与计算的两个通道内的像素是一一对应的。

打开图像素材，如图 6-26 和图 6-27 所示。在两幅图像的"通道"控制面板中分别建立通道蒙版，其中黑色表示被遮住的区域，如图 6-28 和图 6-29 所示。

图 6-26

图 6-27

图 6-28　　　　　　　　　　　　　图 6-29

选中 02 图像，选择"图像 > 应用图像"命令，弹出"应用图像"对话框，具体设置如图 6-30 所示。单击"确定"按钮，两幅图像混合后的效果如图 6-31 所示。

图 6-30　　　　　　　　　　　　　　　　图 6-31

在"应用图像"对话框中勾选"蒙版"复选框，显示出蒙版的相关选项，勾选"反相"复选框，其他选项的设置如图 6-32 所示。单击"确定"按钮，两幅图像混合后的效果如图 6-33 所示。

图 6-32　　　　　　　　　　　　　　图 6-33

3．计算

选择"图像 > 计算"命令，弹出"计算"对话框，如图 6-34 所示。

图 6-34

　　源 1：用于选择源文件 1。图层：用于选择源文件 1 中的图层。通道：用于选择源文件 1 中的通道。反相：用于反转通道中的内容。源 2：用于选择源文件 2。混合：用于选择混合模式。不透明度：用于设定不透明度。结果：用于指定处理结果的存放位置。

　　尽管"计算"命令与"应用图像"命令都是对两个通道的相应内容进行计算处理的命令，但是二者也有区别。用"应用图像"命令处理后的结果可作为源文件或目标文件使用，而用"计算"命令处理后的结果则存储为一个通道，如存储为 Alpha 通道，使其可转换为选区以供其他工具使用。

　　选择"图像 > 计算"命令，弹出"计算"对话框，按图 6-35 所示进行设置。单击"确定"按钮，两张图像进行通道运算后产生的新通道如图 6-36 所示，图像效果如图 6-37 所示。

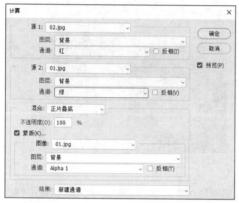
图 6-35

图 6-36

图 6-37

6.1.5 【实战演练】制作柠檬茶宣传海报

　　使用钢笔工具绘制选区，使用"亮度/对比度"命令调整图片，使用"通道"控制面板抠出饮料杯。最终效果参看云盘中的"Ch06 > 效果 > 制作柠檬茶宣传海报.psd"，如图 6-38 所示。

图 6-38

微课

制作柠檬茶宣传
海报

6.2 制作餐厅招牌面宣传海报

6.2.1 【案例分析】

金巧宝是一家餐饮企业，主要经营面食、汤品、凉菜等，本案例是为其招牌面设计制作宣传海报，要求设计风格鲜活，充分展现出产品特色。

6.2.2 【设计理念】

在设计过程中，以纯色的背景搭配牛肉面实物图片既突出宣传主题，又提升视觉冲击力。文字的设计采用弧形布局，和面碗呼应。伸入画面的筷子元素增加了趣味性，使海报更加生动。最终效果参看云盘中的"Ch06/效果/制作餐厅招牌面宣传海报.psd"，如图 6-39 所示。

图 6-39

微课

制作餐厅招牌面
宣传海报

6.2.3 【操作步骤】

（1）按 Ctrl+O 组合键，打开本书云盘中的"Ch06 > 素材 > 制作餐厅招牌面宣传海报 > 01、02"文件，如图 6-40 所示。选择移动工具 ，将 02 图片拖曳到 01 图像窗口中适当的位置，效果如图 6-41 所示，"图层"控制面板中将生成新的图层，将其命名为"面"。

图 6-40

图 6-41

（2）单击"图层"控制面板下方的"添加图层样式"按钮 ，在弹出的菜单中选择"投影"命令，在弹出的对话框中进行设置，如图 6-42 所示。单击"确定"按钮，效果如图 6-43 所示。

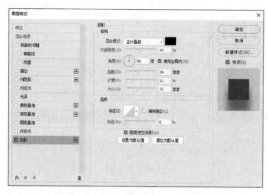

图 6-42 图 6-43

（3）选择椭圆工具 ○，在属性栏的"选择工具模式"选项中选择"路径"，在图像窗口中绘制一个椭圆形路径，效果如图 6-44 所示。

（4）将前景色设为白色。选择横排文字工具 T，在属性栏中选择合适的字体并设置文字大小，将鼠标指针放置在椭圆形路径上时其会变为 ↓ 图标，单击会出现一个带有选中文字的文字区域，单击处为输入文字的起始点，输入需要的白色文字，效果如图 6-45 所示。"图层"控制面板中会生成新的文字图层。

图 6-44 图 6-45

（5）将输入的文字同时选中，按 Ctrl+T 组合键，弹出"字符"控制面板，将"设置所选字符的字距调整"选项 ⅤA 0 设置为 -450，其他选项的设置如图 6-46 所示。按 Enter 键确认操作，效果如图 6-47 所示。

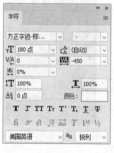

图 6-46 图 6-47

（6）选中文字"筋半肉面"。在属性栏中设置文字大小，效果如图 6-48 所示。在文字"肉"右侧单击以插入光标，在"字符"控制面板中将"设置两个字符间的字距微调"选项 ⅤA 0 设置为

60，其他选项的设置如图 6-49 所示。按 Enter 键确认操作，效果如图 6-50 所示。

图 6-48

图 6-49

图 6-50

（7）用相同的方法制作其他路径文字，效果如图 6-51 所示。按 Ctrl+O 组合键，打开本书云盘中的"Ch06 > 素材 > 制作餐厅招牌面宣传海报 > 03"文件，选择移动工具 ，将图片拖曳到图像窗口中适当的位置，效果如图 6-52 所示，"图层"控制面板中将生成新的图层，将其命名为"筷子"。

（8）选择横排文字工具 **T.**，在适当的位置输入需要的文字并选中文字，在属性栏中选择合适的字体并设置大小，填充文字为浅棕色（209、192、165），效果如图 6-53 所示，"图层"控制面板中将生成新的文字图层。

图 6-51

图 6-52

图 6-53

（9）选择横排文字工具 **T.**，在适当的位置分别输入需要的文字并选中文字，在属性栏中选择合适的字体并设置大小，填充文字为白色，效果如图 6-54 所示，"图层"控制面板中会分别生成新的文字图层。

（10）选中文字"订餐…**"，在"字符"控制面板中将"设置所选字符的字距调整"选项 设置为 75，其他选项的设置如图 6-55 所示。按 Enter 键确认操作，效果如图 6-56 所示。

图 6-54

图 6-55

图 6-56

（11）选中数字"400-78**89**"，在属性栏中选择合适的字体并设置大小，效果如图 6-57 所示。选中符号"**"，在"字符"控制面板中将"设置基线偏移"选项 A↕ 0点 设置为-15，其他选项的设置如图 6-58 所示。按 Enter 键确认操作，效果如图 6-59 所示。

图 6-57

图 6-58

图 6-59

（12）用相同的方法调整另一组符号的基线偏移，效果如图 6-60 所示。选择横排文字工具 T.，在适当的位置输入需要的文字并选中文字，在属性栏中选择合适的字体并设置大小，填充文字为浅棕色（209、192、165），效果如图 6-61 所示，"图层"控制面板中会生成新的文字图层。

图 6-60

图 6-61

（13）在"字符"控制面板中将"设置所选字符的字距调整"选项 VA 0 设置为 340，其他选项的设置如图 6-62 所示。按 Enter 键确认操作，效果如图 6-63 所示。

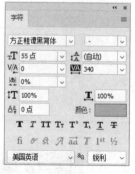
图 6-62

图 6-63

（14）选择矩形工具 ▢，在属性栏的"选择工具模式"选项中选择"形状"，将填充颜色设为浅粉色（209、192、165），描边颜色设为无，在图像窗口中绘制一个矩形，效果如图 6-64 所示，"图层"控制面板中会生成新的形状图层"矩形 1"。

（15）将前景色设为黑色。选择横排文字工具 T ，在适当的位置输入需要的文字并选中文字，在属性栏中选择合适的字体并设置大小，效果如图 6-65 所示，"图层"控制面板中会生成新的文字图层。

图 6-64 图 6-65

（16）在"字符"控制面板中将"设置所选字符的字距调整"选项 设置为 340，其他选项的设置如图 6-66 所示。按 Enter 键确认操作，效果如图 6-67 所示。餐厅招牌面宣传海报制作完成，效果如图 6-68 所示。

图 6-66 图 6-67 图 6-68

6.2.4 【相关工具】

1. 文字工具

选择横排文字工具 T ，或按 T 键，其属性栏如图 6-69 所示。

图 6-69

 ：用于切换文字输入的方向。 Adobe 黑体 Std ／ - ：用于设置文字的字体及样式。 12点 ：用于设置文字的大小。 锐利 ：用于消除文字的锯齿，包括无、锐利、犀利、浑厚和平滑 5 个选项。 ：用于设置文字的对齐方式，分别是左对齐、居中对齐和右对齐。 ：用于设置文字的颜色。 ：用于对文字进行变形操作。 ：用于打开"段落"和"字符"控制面板。 ：用于取消对文字的操作。 ：用于确定对文字的操作。 3D ：用于从文本图层创建 3D 对象。

选择直排文字工具 IT ，可以在图像中创建直排文字。直排文字工具属性栏和横排文本工具属性栏的功能基本相同，这里不再赘述。

2.“字符”控制面板

选择“窗口 > 字符”命令，弹出“字符”控制面板，如图 6-70 所示。

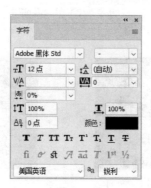

图 6-70

Adobe 黑体 Std　：单击右侧的 ∨ 按钮，可在打开的下拉列表中选择字体。

12 点　：可以在数值框中直接输入数值，也可以单击右侧的 ∨ 按钮，在打开的下拉列表中选择表示文字大小的数值。

（自动）　：在数值框中直接输入数值，或单击右侧的 ∨ 按钮，在打开的下拉列表中选择需要的行距数值，以调整文本段落的行距，效果如图 6-71 所示。

数值为自动时的文字效果　　　　数值为 12 时的文字效果　　　　数值为 18 时的文字效果

图 6-71

V/A 0　：在两个字符间插入光标，在数值框中输入数值，或单击右侧的 ∨ 按钮，在打开的下拉列表中选择需要的字距数值。输入正值时，字符的间距增大；输入负值时，字符的间距缩小，效果如图 6-72 所示。

数值为 0 时的文字效果　　　　数值为 200 时的文字效果　　　　数值为 -100 时的文字效果

图 6-72

VA 0　：在数值框中直接输入数值，或单击右侧的 ∨ 按钮，在打开的下拉列表中选择字距数值，以调整文本段落的字距。输入正值时，字距增大；输入负值时，字距缩小，效果如图 6-73 所示。

数值为 0 时的效果　　　　数值为 100 时的效果　　　　数值为-100 时的效果

图 6-73

⚏ 0% ▾：在下拉列表中选择百分比数值，可以对所选字符的比例间距进行细微的调整，效果如图 6-74 所示。

数值为 0%时的文字效果　　　　数值为 100%时的文字效果

图 6-74

↕T 100%：在数值框中直接输入数值，可以调整字符的高度，效果如图 6-75 所示。

数值为 100%时的文字效果　　数值为 80%时的文字效果　　数值为 140%时的文字效果

图 6-75

T 100%：在数值框中输入数值，可以调整字符的宽度，效果如图 6-76 所示。

数值为 100%时的文字效果　　数值为 80%时的文字效果　　数值为 120%时的文字效果

图 6-76

A♯ 0点：选中字符，在数值框中直接输入数值，可以调整字符的上下移动效果。输入正值时，使水平字符上移，使直排字符右移；输入负值时，使水平字符下移，使直排字符左移，效果如图 6-77 所示。

选中字符

数值为 3 时的文字效果

数值为-5 时的文字效果

图 6-77

颜色 ：在图标上单击，弹出"选择文本颜色"对话框，在对话框中设置需要的颜色后，单击"确定"按钮，可改变文字的颜色。

T *T* TT Tr T¹ T₁ **T** **T̶**：从左到右依次为"仿粗体"按钮 **T**、"仿斜体"按钮 *T*、"全部大写字母"按钮 TT、"小型大写字母"按钮 Tr、"上标"按钮 T¹、"下标"按钮 T₁、"下划线"按钮 **T** 和"删除线"按钮 **T̶**。单击不同的按钮，可得到不同的字符形式，效果如图 6-78 所示。

xinjiagou wenhua
文字正常效果

xinjiagou wenhua
文字仿粗体效果

xinjiagou wenhua
文字仿斜体效果

XINJIAGOU WENHUA
文字全部大写字母效果

XINJIAGOU WENHUA
文字小型大写字母效果

xinjiagou wenhua
文字上标效果

xinjiagou wenhua
文字下标效果

xinjiagou wenhua
文字下划线效果

xinjiagou wenhua
文字删除线效果

图 6-78

美国英语 ∨：单击右侧的 ∨ 按钮，可在打开的下拉列表中选择需要的字典。选择的字典主要用于拼写检查和连字的设定。

ªa 锐利 ∨：包括无、锐利、犀利、浑厚和平滑 5 种消除锯齿的方法。

3．路径文字

选择椭圆工具 ◯，将属性栏中的"选择工具模式"选项设为"路径"，在图像中绘制圆形路径，如图 6-79 所示。选择横排文字工具 **T**，在工具属性栏中设置文字的属性，当鼠标指针悬停在路径上时会变为 ✐ 图标，单击，出现一个带有选中文字的文字区域，单击处成为输入文字的起始点，如图 6-80 所示。输入的文字会沿着路径进行排列，效果如图 6-81 所示。

图 6-79

图 6-80

图 6-81

文字输入完成后，"路径"控制面板中会自动生成文字路径图层，如图 6-82 所示。取消"视图/显示额外内容"命令的选中状态，可以隐藏文字路径，如图 6-83 所示。

图 6-82   图 6-83

选择路径选择工具 ，将鼠标指针放置在文字上，鼠标指针显示为 图标，如图 6-84 所示，单击并沿着路径拖曳鼠标，可以移动文字，效果如图 6-85 所示。

图 6-84   图 6-85

选择直接选择工具 ，在路径上单击，显示出控制手柄，拖曳控制手柄可以修改路径的形状，如图 6-86 所示，文字会按照修改后的路径进行排列，效果如图 6-87 所示。

图 6-86   图 6-87

4."曝光度"命令

打开一张图片，如图 6-88 所示。选择"图像 > 调整 > 曝光度"命令，弹出"曝光度"对话框，具体设置如图 6-89 所示。单击"确定"按钮，效果如图 6-90 所示。

图 6-88   图 6-89   图 6-90

曝光度：可以调整色彩范围的高光端，对极限阴影的影响很轻微。位移：可以使阴影和中间调变暗，对高光的影响很轻微。灰度系数校正：可以使用乘方函数调整图像的灰度系数。

6.2.5 【实战演练】制作牛肉拉面宣传海报

使用矩形工具绘制背景，使用图层样式、"色阶"和"色相/饱和度"调整图层制作产品图片，使用横排文字工具制作宣传语，使用椭圆工具和横排文字工具制作路径文字。最终效果参看云盘中的"Ch06 > 效果 > 制作牛肉拉面宣传海报.psd"，如图 6-91 所示。

微课

制作牛肉拉面
宣传海报

图 6-91

6.3　制作旅游出行类公众号推广海报

6.3.1 【案例分析】

本案例是为 5.2 节中的旅游公司的公众号设计制作暑期的推广海报，要求设计突出夏日特色活动。

6.3.2 【设计理念】

在设计过程中，采用夏日的自然美景图片作为背景，令人心旷神怡。动车元素在添加画面动感的同时，还可以体现出行主题，激发人们旅游的欲望。白色和黄色的文字醒目突出，活动信息令人一目了然。最终效果参看云盘中的"Ch06/效果/制作旅游出行类公众号推广海报.psd"，如图 6-92 所示。

微课

制作旅游出行类
公众号推广海报

图 6-92

6.3.3 【操作步骤】

1. 制作背景图

（1）按 Ctrl+N 组合键，弹出"新建文档"对话框，设置宽度为 750 像素，高度为 1181 像素，分辨率为 72 像素/英寸，颜色模式为 RGB，背景内容为白色，单击"创建"按钮，新建文档。

（2）按 Ctrl＋O 组合键，打开本书云盘中的"Ch06 > 素材 > 制作旅游出行公众号推广海报 > 01、02、03"文件。选择"移动"工具 ⊕，分别将 01、02 和 03 图像拖曳到新建的图像窗口中适当的位置，并调整其大小，效果如图 6-93 所示，"图层"控制面板中将分别生成新的图层，将它们命名为"天空""大山""火车"。选择"大山"图层，单击"图层"控制面板下方的"添加图层蒙版"按钮 ▢，为图层添加蒙版，如图 6-94 所示。

图 6-93 图 6-94

（3）将前景色设为黑色。选择画笔工具 ✎，在属性栏中单击"画笔"选项右侧的 ˇ 按钮，在弹出的"画笔"面板中选择需要的画笔形状，将"大小"选项设为 100 像素，如图 6-95 所示。在图像窗口中拖曳鼠标以擦除不需要的图像，效果如图 6-96 所示。

图 6-95 图 6-96

（4）选择"天空"图层。单击"图层"控制面板下方的"创建新的填充或调整图层"按钮 ◑，在弹出的菜单中选择"曲线"命令，"图层"控制面板中会生成"曲线 1"图层，同时弹出"曲线"面板。选择"绿"通道，切换到相应的面板，在曲线上单击添加控制点，将"输入"选项设为 125，"输出"选项设为 181，如图 6-97 所示；选择"蓝"通道，切换到相应的面板，在曲线上单击添加控制点，将"输入"选项设为 125，"输出"选项设为 152，如图 6-98 所示。按 Enter 键确认操作，效果如图 6-99 所示。

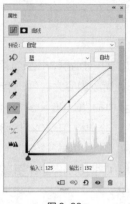

图 6-97　　　　　　　图 6-98　　　　　　　图 6-99

（5）选择"大山"图层。单击"图层"控制面板下方的"创建新的填充或调整图层"按钮 ⊙.，在弹出的菜单中选择"色相/饱和度"命令，"图层"控制面板中会生成"色相/饱和度 1"图层，同时弹出"色相/饱和度"面板，各选项的设置如图 6-100 所示。按 Enter 键确认操作，效果如图 6-101 所示。

图 6-100　　　　　　　　图 6-101

（6）按 Ctrl＋O 组合键，打开本书云盘中的"Ch06 ＞ 素材 ＞ 制作旅游出行公众号推广海报 ＞ 04"文件。选择"移动"工具 ⊕.，将 04 图像拖曳到新建的图像窗口中适当的位置，并调整其大小，效果如图 6-102 所示，"图层"控制面板中将生成新的图层，将其命名为"云雾"。

（7）在"图层"控制面板上方，将"云雾"图层的"不透明度"选项设为 85%，如图 6-103 所示。按 Enter 键确认操作，图像效果如图 6-104 所示。

图 6-102　　　　　　　图 6-103　　　　　　　图 6-104

（8）单击"图层"控制面板下方的"添加图层蒙版"按钮 ▣ ，为图层添加蒙版。选择画笔工具 ✏ ，在属性栏中将"不透明度"选项设为 50%，在图像窗口中拖曳鼠标以擦除不需要的图像，效果如图 6-105 所示。

（9）单击"图层"控制面板下方的"创建新的填充或调整图层"按钮 ● ，在弹出的菜单中选择"色阶"命令。"图层"控制面板中会生成"色阶 1"图层，同时弹出"色阶"面板，具体设置如图 6-106所示。按 Enter 键确认操作，图像效果如图 6-107 所示。

图 6-105　　　　　　　　　　图 6-106　　　　　　　　　　图 6-107

（10）新建图层并将其命名为"润色"。将前景色设为蓝色（57、150、254）。选择椭圆选框工具 ○ ，在属性栏中将"羽化"选项设为 50，按住 Shift 键在图像窗口中绘制圆形选区，如图 6-108所示。按 Alt+Delete 组合键，用前景色填充选区。按 Ctrl+D 组合键，取消选区，效果如图 6-109所示。

图 6-108　　　　　　　　　　图 6-109

（11）在"图层"控制面板上方，将"润色"图层的"不透明度"选项设为 60%，如图 6-110 所示。按 Enter 键确认操作，效果如图 6-111 所示。按住 Shift 键的同时，单击"天空"图层，将需要的图层同时选中。按 Ctrl+G 组合键，编组图层并将其命名为"背景图"，如图 6-112 所示。

图 6-110　　　　　　图 6-111　　　　　　图 6-112

2．添加文字内容及装饰图形

（1）按 Ctrl＋O 组合键，打开本书云盘中的"Ch06 ＞ 素材 ＞ 制作旅游出行公众号推广海报 ＞ 05、06"文件。选择移动工具 ，分别将 05 和 06 图像拖曳到新建的图像窗口中适当的位置，并调整其大小，效果如图 6-113 所示，"图层"控制面板中将分别生成新的图层，将它们命名为"标志"和"暑期特惠"。

（2）选择横排文字工具 **T.**，在适当的位置输入需要的文字并选中文字。选择"窗口 ＞ 字符"命令，弹出"字符"控制面板，将"颜色"设为白色，其他选项的设置如图 6-114 所示。按 Enter 键确认操作，效果如图 6-115 所示，"图层"控制面板中会生成新的文字图层。

图 6-113　　　　　　图 6-114　　　　　　图 6-115

（3）选中文字"黄金"。在"字符"控制面板中进行设置，如图 6-116 所示。按 Enter 键确认操作，效果如图 6-117 所示。

图 6-116　　　　　　图 6-117

（4）选中文字"月"。在"字符"控制面板中进行设置，如图 6-118 所示。按 Enter 键确认操作，效果如图 6-119 所示。

（5）选择"文件 > 置入嵌入图片"命令，弹出"置入嵌入的图片"对话框。选择本书云盘中的"Ch06> 素材 > 制作旅游出行公众号推广海报 > 07"文件，单击"置入"按钮，将图片置入图像窗口中，并将其拖曳到适当的位置，按 Enter 键确认操作，效果如图 6-120 所示，"图层"控制面板中将生成新的图层，将其命名为"太阳"。

图 6-118　　　　　　　　　　　图 6-119　　　　　　　　　　　图 6-120

（6）选择横排文字工具 **T.**，在适当的位置输入需要的文字并选中文字。在"字符"控制面板中将"颜色"设为金黄色（255、236、0），其他选项的设置如图 6-121 所示。按 Enter 键确认操作，效果如图 6-122 所示。

图 6-121　　　　　　　　　　　　　　图 6-122

（7）用相同的方法再次输入文字并选中文字。在"字符"控制面板中进行设置，如图 6-123 所示。按 Enter 键确认操作，效果如图 6-124 所示，"图层"控制面板中将分别生成新的文字图层。

图 6-123　　　　　　　　　　　　　　图 6-124

（8）选择横排文字工具 T.，在适当的位置输入需要的文字并选中文字。在"字符"控制面板中将"颜色"设为白色，其他选项的设置如图 6-125 所示。按 Enter 键确认操作，效果如图 6-126 所示，"图层"控制面板将生成新的文字图层。

图 6-125   图 6-126

（9）选中文字"五天六夜"。在"字符"控制面板中将"颜色"设为黄色（255、216、0），效果如图 6-127 所示。按住 Shift 键的同时，单击"八月游 黄金月"图层，将需要的图层同时选中。按 Ctrl+G 组合键，编组图层并将其命名为"标题"，如图 6-128 所示。

图 6-127   图 6-128

（10）单击"图层"控制面板下方的"添加图层样式"按钮 fx，在弹出的菜单中选择"投影"命令，弹出对话框，各选项的设置如图 6-129 所示。单击"确定"按钮，效果如图 6-130 所示。

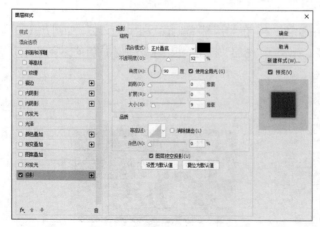

图 6-129   图 6-130

（11）选择矩形工具 ▢，将属性栏中的"选择工具模式"选项设为"形状"，将填充颜色设为无，描边颜色设为白色，"粗细"选项设为 4 像素。在图像窗口中适当的位置绘制矩形，效果如图 6-131 所示，"图层"控制面板中将生成新的形状图层，将其命名为"矩形框"，如图 6-132 所示。在"矩形框"图层上单击鼠标右键，在弹出的快捷菜单中选择"栅格化图层"命令。

图 6-131　　　　　　　　　　　　　　　　图 6-132

（12）选择矩形选框工具 ▣，在图像窗口中绘制矩形选区，如图 6-133 所示。按 Delete 键，删除选区中的图像。按 Ctrl+D 组合键，取消选区，效果如图 6-134 所示。

图 6-133　　　　　　　　　　　　　　　　图 6-134

（13）选择横排文字工具 T，在适当的位置输入需要的文字并选中文字。在"字符"控制面板中将"颜色"设为白色，其他选项的设置如图 6-135 所示，按 Enter 键确认操作，效果如图 6-136 所示，"图层"控制面板中将生成新的文字图层。选中字符"+"。在"字符"控制面板中将"颜色"设为橙黄色（255、236、0），效果如图 6-137 所示。

图 6-135　　　　　　　　　图 6-136　　　　　　　　　图 6-137

（14）选择直线工具 ╱，在属性栏中将填充颜色设为无，描边颜色设为黄色（255、236、0），"粗细"选项设为 2 像素。按住 Shift 键的同时，在图像窗口中拖曳鼠标绘制直线段，效果如图 6-138 所示，"图层"控制面板中将生成新的形状图层，将其命名为"直线 1"。

（15）按 Ctrl+O 组合键，打开本书云盘中的"Ch06 > 素材 > 制作旅游出行公众号推广海报 > 08"文件。选择"移动"工具 ✛，将 08 图像拖曳到新建的图像窗口中适当的位置，效果如图 6-139

所示，"图层"控制面板中将生成新的图层，将其命名为"活动信息"。旅游出行公众号推广海报制作完成。

图 6-138

图 6-139

6.3.4 【相关工具】

1. 图层蒙版

单击"图层"控制面板下方的"添加图层蒙版"按钮 ▣，可以创建图层蒙版，如图 6-140 所示。按住 Alt 键的同时，单击"图层"控制面板下方的"添加图层蒙版"按钮 ▣，可以创建一个遮盖全部图层的蒙版，如图 6-141 所示。

图 6-140

图 6-141

使用渐变工具调整蒙版。选择"图层 > 图层蒙版 > 停用"命令，或按住 Shift 键的同时单击"图层"控制面板中的图层蒙版缩览图，图层蒙版被停用，如图 6-142 所示，图像将全部显示，如图 6-143 所示。按住 Shift 键的同时，再次单击图层蒙版缩览图，将恢复图层蒙版，效果如图 6-144 所示。

图 6-142

图 6-143

图 6-144

选择"图层 > 图层蒙版 > 删除"命令，或在图层蒙版缩览图上单击鼠标右键，在弹出的快捷菜单中选择"删除图层蒙版"命令，可以将图层蒙版删除。

2."曲线"命令

"曲线"命令可以通过调整图像色彩曲线上的任意一个控制点来改变图像的色彩范围。

打开一张图片。选择"图像 > 调整 > 曲线"命令，或按 Ctrl+M 组合键，弹出"曲线"对话框，如图 6-145 所示。在图像中单击，如图 6-146 所示，对话框中图表的曲线上会出现一个控制点，横坐标为色彩的输入值，纵坐标为色彩的输出值，如图 6-147 所示。

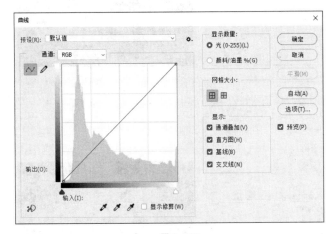

图 6-145

图 6-146

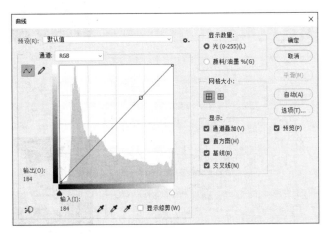

图 6-147

"通道"选项：可以选择图像的颜色调整通道。 ～ ⁄ ：分别用于改变曲线的形状，添加或删除控制点。输入/输出：显示图表中控制点所在位置的亮度值。显示数量：可以选择图表的显示方式。网格大小：可以选择图表中网格的显示大小。显示：可以选择图表的显示内容。 自动(A) ：自动调整图像的亮度。

调整不同曲线形状后的图像效果如图 6-148 所示。

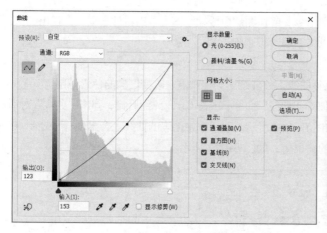

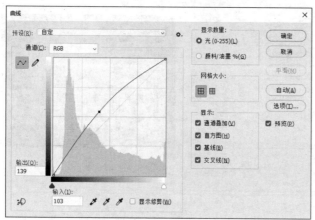

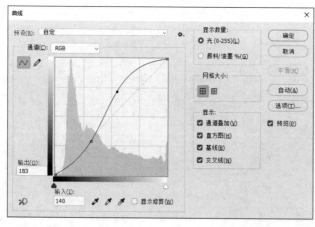

图 6-148

6.3.5　【实战演练】制作文化创意运营海报

使用图层混合模式合成图像，使用图层蒙版合成图像效果。最终效果参看云盘中的"Ch06 > 效果 > 制作文化创意运营海报.psd"，如图 6-149 所示。

图 6-149

6.4 制作小寒节气宣传海报

6.4.1 【案例分析】

原木文化艺术有限公司是一家文化创意企业，本案例是为其设计制作一款小寒节气宣传海报，要求设计风格素雅，能体现出节气的特点。

6.4.2 【设计理念】

在设计过程中，采用古建筑主题图片作为背景，红墙和檐上的白雪使冬日气氛扑面而来。梅花的加入令画面更加鲜活，富有生机。节气宣传文字是点睛之笔，赋予内容完整性。最终效果参看云盘中的"Ch06/效果/制作小寒节气宣传海报.psd"，如图 6-150 所示。

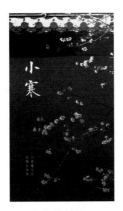

图 6-150

6.4.3 【操作步骤】

（1）按 Ctrl + O 组合键，打开本书云盘中的"Ch06 > 素材 > 制作小寒节气宣传海报 > 01"文件，如图 6-151 所示。将"背景"图层拖曳到"图层"控制面板下方的"创建新图层"按钮 回 上进行复制，生成新的图层"背景 拷贝"。将该图层的混合模式设为"正片叠底"，如图 6-152 所示，图像效果如图 6-153 所示。

图 6-151　　　　　　　　　　图 6-152　　　　　　　　　　图 6-153

（2）选择"图像 > 调整 > 色调分离"命令，弹出"色调分离"对话框，各选项的设置如图 6-154 所示。单击"确定"按钮，图像效果如图 6-155 所示。

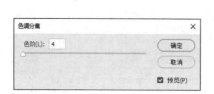 

图 6-154　　　　　　　　　　　　　　图 6-155

（3）单击"图层"控制面板下方的"添加图层蒙版"按钮 ，为"背景 拷贝"图层添加图层蒙版，如图 6-156 所示。选择渐变工具 ，单击属性栏中的"点按可编辑渐变"按钮 ，弹出"渐变编辑器"对话框。将渐变颜色设为从黑色到白色，如图 6-157 所示，单击"确定"按钮。在图像窗口中由左下至右上拖曳以填充渐变颜色，图像效果如图 6-158 所示。

图 6-156　　　　　　　　　　图 6-157　　　　　　　　　　图 6-158

（4）将"背景"图层拖曳到"图层"控制面板下方的"创建新图层"按钮 🔲 上进行复制，生成新的图层"背景 拷贝 2"，并将其拖曳到"背景 拷贝"图层的上方，如图 6-159 所示。将该图层的混合模式设为"线性减淡（添加）"，如图 6-160 所示，图像效果如图 6-161 所示。

图 6-159　　　　　　　　　图 6-160　　　　　　　　　图 6-161

（5）选择"图像 > 调整 > 阈值"命令，弹出"阈值"对话框，各选项的设置如图 6-162 所示。单击"确定"按钮，图像效果如图 6-163 所示。按住 Shift 键的同时，单击"背景"图层，将需要的图层同时选中。按 Ctrl+E 组合键，合并图层，如图 6-164 所示。

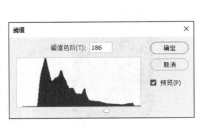

图 6-162　　　　　　　　　图 6-163　　　　　　　　　图 6-164

（6）选择"图像 > 调整 > 色相/饱和度"命令，在弹出的对话框中进行设置，如图 6-165 所示。单击"确定"按钮，图像效果如图 6-166 所示。

图 6-165　　　　　　　　　　　　　　　　图 6-166

（7）选择"图像 > 调整 > 色阶"命令，在弹出的对话框中进行设置，如图 6-167 所示。单击"确定"按钮，图像效果如图 6-168 所示。

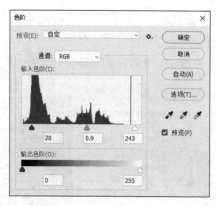

图 6-167

图 6-168

（8）选择直排文字工具 ↓T.，在图像窗口中输入需要的文字并选中文字，在属性栏中选择合适的字体并设置适当的文字大小，将"文本颜色"选项设为白色，"图层"控制面板中将生成新的文字图层。将光标定位到文字之间。按 Ctrl+T 组合键，弹出"字符"控制面板，各选项的设置如图 6-169 所示。按 Enter 键确认操作，图像效果如图 6-170 所示。

图 6-169

图 6-170

（9）选择直排文字工具 ↓T.，在图像窗口中输入需要的文字并选中文字，在属性栏中选择合适的字体并设置适当的文字大小，"图层"控制面板中会生成新的文字图层。"字符"控制面板中各选项的设置如图 6-171 所示。按 Enter 键确认操作，图像效果如图 6-172 所示。小寒节气宣传海报制作完成，效果如图 6-173 所示。

图 6-171

图 6-172

图 6-173

6.4.4 【相关工具】

1. "去色"命令

选择"图像 > 调整 > 去色"命令，或按 Shift+Ctrl+U 组合键，可以去掉图像中的色彩，使图像变为灰度图，但图像的颜色模式并不会改变。"去色"命令也可以对图像的选区使用，将选区中的图像去色。

2. "色调分离"命令

打开一张图片，如图 6-174 所示。选择"图像 > 调整 > 色调分离"命令，弹出"色调分离"对话框，具体设置如图 6-175 所示。单击"确定"按钮，效果如图 6-176 所示。

图 6-174   图 6-175   图 6-176

色阶：可以指定色阶数，对图像中的像素亮度进行分配。"色阶"数值越高，图像产生的变化越小。

3. "阈值"命令

打开一张图片，如图 6-174 所示。选择"图像 > 调整 > 阈值"命令，弹出"阈值"对话框，具体设置如图 6-177 所示，单击"确定"按钮，图像效果如图 6-178 所示。

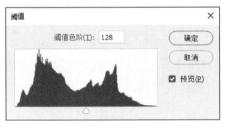 

图 6-177   图 6-178

阈值色阶：可以通过拖曳滑块或输入数值改变图像的阈值。系统将使大于阈值的像素变为白色，小于阈值的像素变为黑色，使图像具有高反差效果。

6.4.5 【实战演练】制作舞蹈培训公众号运营海报

使用色阶命令和曲线命令调整图片颜色，使用横排文字工具和"字符"控制面板添加标题和宣传性文字。最终效果参看云盘中的"Ch06 > 效果 > 制作舞蹈培训公众号运营海报.psd"，如图 6-179 所示。

图 6-179

微课

制作舞蹈培训公众号
运营海报

6.5 综合演练——制作音乐会宣传海报

6.5.1 【案例分析】

古典乐器作为中华优秀传统文化的重要组成部分，承载着丰富的历史和情感。本案例是为即将举办的琵琶音乐会设计制作一款宣传海报，要求风格典雅，突出古色古香的韵味。

6.5.2 【设计理念】

在设计过程中，采用带有纹路的淡色纸质背景，奠定画面古朴、雅致的风格。斜置的琵琶打破了构图的沉闷感，使画面更具视觉冲击力。琵琶两侧的宣传及信息文字主次分明，方便人们浏览。

6.5.3 【知识要点】

使用"照片滤镜"调整图层调整背景颜色，使用图层样式为图片添加特殊效果，使用直排文字工具添加文字信息。最终效果参看云盘中的"Ch06 > 效果 > 制作音乐会宣传海报.psd"，如图 6-180 所示。

图 6-180

微课

制作音乐会宣传海报

6.6 综合演练——制作公益环保宣传海报

6.6.1 【案例分析】

源盟电力有限公司是一家提供电力供应和能源解决方案的公司。本案例是为其设计制作一款公益环保宣传海报，要求能够引起人们的共鸣。

6.6.2 【设计理念】

在设计过程中，采用绿色的主色调，给人以充满生机的感觉。画面下方的城市背景与前景中的自然、人物剪影和谐共存，表明了健康环境的可贵。画面中部放置主题宣传文字，提升海报的号召力。

6.6.3 【知识要点】

使用矩形工具制作边框，使用图层蒙版合成背景效果，使用图层样式添加投影效果。最终效果参看云盘中的"Ch06 > 效果 > 制作公益环保宣传海报.psd"，如图 6-181 所示。

图 6-181

微课

制作公益环保
宣传海报

07

第7章
网页设计

　　一个优秀的网站必定有着出色的网页设计，设计精良的页面能够吸引浏览者的注意力，增加网页浏览量。设计网页时要根据网络的特殊性对页面进行精心的设计和编排。本章以制作多个类型的网页设计为例，介绍网页的设计方法和制作技巧。

课堂学习目标

- 掌握网页的设计思路
- 掌握网页的制作方法和技巧

素养目标

- 培养学生对网页设计的兴趣
- 加深学生对中华优秀传统文化的热爱

7.1 制作中式茶叶官网首页

7.1.1 【案例分析】

栖茶是一家专注于生产和销售中式茶叶的公司，致力于传承和发扬中华茶文化。本案例是为该公司官网设计制作首页，要求能够体现出产品特点和品牌特色。

7.1.2 【设计理念】

在设计过程中，对页面进行合理布局：上部展示茶叶成品包装及宣传主题，突出品牌特色；中部展示茶叶种植环境和品种分类，突出茶叶品质出色，种类丰富；下部列出公司信息，方便顾客联系购买。最终效果参看云盘中的"Ch07/效果/制作中式茶叶官网首页.psd"，如图 7-1 所示。

图 7-1

微课

制作中式茶叶官网
首页 1

微课

制作中式茶叶官网
首页 2

7.1.3 【操作步骤】

1. 制作导航区域

（1）按 Ctrl+N 组合键，弹出"新建文档"对话框，设置宽度为 1920 像素，高度为 3478 像素，分辨率为 72 像素/英寸，颜色模式为 RGB，背景内容为白色，单击"创建"按钮，新建文档。

（2）选择"文件 > 置入嵌入对象"命令，在弹出的"置入嵌入的对象"对话框中选择本书云盘中的"Ch07 > 素材 > 制作中式茶叶官网首页 > 01"文件，单击"置入"按钮，将 01 图像置入图像窗口中，按 Enter 键确认操作，效果如图 7-2 所示，"图层"控制面板中将生成新的图层，将其命名为"原型"。

（3）选择矩形工具 ▢，将属性栏中的"选择工具模式"选项设为"形状"，在图像窗口中适当的位置绘制矩形。"图层"控制面板中将生成新的图层"矩形 1"。在"属性"控制面板中进行设置，如图 7-3 所示，图像窗口中的效果如图 7-4 所示。

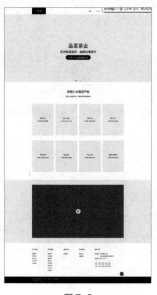

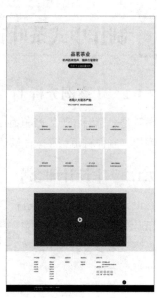

图 7-2   图 7-3   图 7-4

（4）选择"文件 > 置入嵌入对象"命令，在弹出的"置入嵌入的对象"对话框中选择本书云盘中的"Ch07 > 素材 > 制作中式茶叶官网首页 > 02"文件，单击"置入"按钮，将 02 图像置入图像窗口中，并将其拖曳到适当的位置，按 Enter 键确认操作，效果如图 7-5 所示。"图层"控制面板中将生成新的图层，将其命名为"logo"。

（5）选择横排文字工具 **T.**，在适当的位置输入需要的文字并选中文字。在"字符"控制面板中将"颜色"设为绿色（14、99、110），其他选项的设置如图 7-6 所示。按 Enter 键确认操作，效果如图 7-7 所示。"图层"控制面板中将生成新的文字图层。

图 7-5   图 7-6   图 7-7

（6）用相同的方法输入文字并设置相应的属性，效果如图 7-8 所示。

图 7-8

（7）按住 Shift 键的同时，单击"矩形 1"图层，将两个图层及它们之间的所有图层同时选中，如图 7-9 所示。按 Ctrl+G 组合键，编组图层并将其命名为"导航"，如图 7-10 所示。

图 7-9   图 7-10

2．制作轮播海报

（1）将前景色设为浅灰色（233、233、237）。选择矩形工具□，将属性栏中的"选择工具模式"选项设为"形状"，在图像窗口中适当的位置绘制矩形。"图层"控制面板中将生成新的图层"矩形2"。在"属性"控制面板中进行设置，如图 7-11 所示，图像窗口中的效果如图 7-12 所示。

图 7-11   图 7-12

（2）选择"文件 > 置入嵌入对象"命令，在弹出的"置入嵌入的对象"对话框中选择本书云盘中的"Ch07 > 素材 > 制作中式茶叶官网首页 > 03"文件，单击"置入"按钮，将 03 图像置入图像窗口中，并将其拖曳到适当的位置，按 Enter 键确认操作，效果如图 7-13 所示，"图层"控制面板中将生成新的图层，将其命名为"山水画 1"。按 Alt+Ctrl+G 组合键，创建剪贴蒙版，效果如图 7-14 所示。

图 7-13   图 7-14

（3）单击"图层"控制面板下方的"创建新的填充或调整图层"按钮 ，在弹出的菜单中选择"色彩平衡"命令，"图层"控制面板中将生成"色彩平衡 1"图层，同时弹出"色彩平衡"面板，各选项的设置如图 7-15 所示，按 Enter 键确认操作。按 Alt+Ctrl+G 组合键，创建剪贴蒙版，效果如图 7-16 所示。

图 7-15 图 7-16

（4）将前景色设为浅绿色（174、203、194）。选择矩形工具 ，将属性栏中的"选择工具模式"选项设为"形状"，在图像窗口中适当的位置绘制矩形。"图层"控制面板中将生成新的图层"矩形 3"。按 Ctrl+T 组合键，图像周围出现变换框，在变换框中单击鼠标右键，在弹出的快捷菜单中选择"透视"命令，将右上角控制点向左拖曳到适当的位置以调整形状，按 Enter 键确认操作，效果如图 7-17 所示。

（5）将前景色设为浅绿色（139、169、160）。选择矩形工具 ，将属性栏中的"选择工具模式"选项设为"形状"，在图像窗口中适当的位置绘制矩形。"图层"控制面板中将生成新的图层"矩形 4"，图像窗口中的效果如图 7-18 所示。

图 7-17 图 7-18

（6）选择"文件 > 置入嵌入对象"命令，在弹出的"置入嵌入的对象"对话框中选择本书云盘中的"Ch07 > 素材 > 制作中式茶叶官网首页 > 05"文件，单击"置入"按钮，将 05 图像置入图像窗口中，并将其拖曳到适当的位置，按 Enter 键确认操作，效果如图 7-19 所示，"图层"控制面板中将生成新的图层，将其命名为"西湖龙井"。

（7）将前景色设为深绿色（108、134、135）。选择"矩形"工具 ，将属性栏中的"选择工具模式"选项设为"形状"，在图像窗口中适当的位置绘制矩形。"图层"控制面板中将生成新的图层"矩形 5"，图像窗口中的效果如图 7-20 所示。

图 7-19　　　　　　　　　　　　　　　　　　图 7-20

（8）单击"图层"控制面板下方的"添加图层样式"按钮 ，在弹出的菜单中选择"渐变叠加"命令，在弹出的对话框中单击"渐变"选项右侧的"点按可编辑渐变"按钮，弹出"渐变编辑器"对话框，将渐变颜色设为从深绿色（108、134、135）到浅绿色（174、203、194），如图 7-21 所示。单击"确定"按钮，返回到"图层样式"对话框，其他选项的设置如图 7-22 所示。单击"确定"按钮，效果如图 7-23 所示。

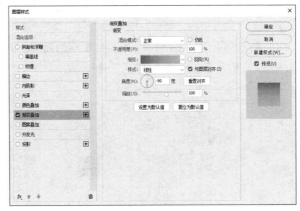

图 7-21　　　　　　　　　　　　　　　　　　图 7-22

（9）按 Ctrl+J 组合键，复制图层生成"矩形 5 拷贝"图层，将复制的图层拖曳到适当的位置并调整其大小，效果如图 7-24 所示。在"图层"控制面板中将"矩形 5"图层和"矩形 5 拷贝"图层拖曳到"西湖龙井"图层的下方，图像窗口中的效果如图 7-25 所示。

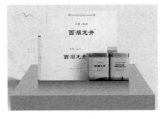

图 7-23　　　　　　　　　图 7-24　　　　　　　　　图 7-25

（10）选择"文件 > 置入嵌入对象"命令，在弹出的"置入嵌入的对象"对话框中选择本书云盘中的"Ch07 > 素材 > 制作中式茶叶官网首页 > 04"文件，单击"置入"按钮，将 04 图像置入图像窗口中，并将其拖曳到适当的位置，按 Enter 键确认操作，效果如图 7-26 所示。"图层"控制面板中将生成新的图层，将其命名为"logo2"。

（11）选择横排文字工具 $\boxed{T}$ ，在适当的位置输入需要的文字并选中文字。在"字符"控制面板中将"颜色"设为绿色（21、99、109），其他选项的设置如图 7-27 所示。按 Enter 键确认操作，效果如图 7-28 所示。"图层"控制面板中将生成新的文字图层。

图 7-26　　　　　　　　　图 7-27　　　　　　　　　图 7-28

（12）单击"图层"控制面板下方的"添加图层样式"按钮 fx ，在弹出的菜单中选择"描边"命令，在弹出的对话框中将"颜色"设为浅黄色（234、198、168），其他选项的设置如图 7-29 所示。

（13）勾选"内阴影"复选框，切换到相应的面板，将"内阴影颜色"选项设为黑色，其他选项的设置如图 7-30 所示。单击"确定"按钮，效果如图 7-31 所示。

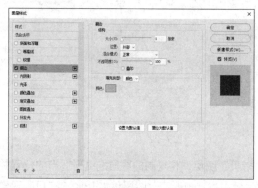
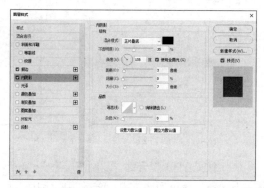

图 7-29　　　　　　　　　　　　　　　　　图 7-30

（14）按住 Shift 键的同时，单击"矩形 2"图层，将两个图层及它们之间的所有图层同时选中。按 Ctrl+G 组合键，编组图层并将其命名为"轮播海报"，如图 7-32 所示。

图 7-31　　　　　　　　　　图 7-32

（15）用上述方法制作茗茶区域，图像窗口中的效果如图 7-33 所示。

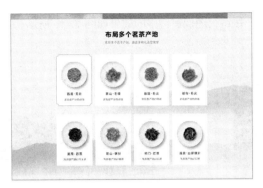

图 7-33

3．制作视频区域

（1）将前景色设为浅灰色（235、233、237）。选择矩形工具 ▢，将属性栏中的"选择工具模式"选项设为"形状"，在图像窗口中适当的位置绘制矩形。"图层"控制面板中将生成新的图层"矩形9"。在"属性"控制面板中进行设置，如图 7-34 所示，图像窗口中的效果如图 7-35 所示。

图 7-34

图 7-35

（2）选择"文件 > 置入嵌入对象"命令，在弹出的"置入嵌入的对象"对话框中选择本书云盘中的"Ch07 > 素材 > 制作中式茶叶官网首页 > 15"文件，单击"置入"按钮，将 15 图像置入图像窗口中，调整大小并将其拖曳到适当的位置，按 Enter 键确认操作，效果如图 7-36 所示，"图层"控制面板中将生成新的图层，将其命名为"茶园 1"。按 Alt+Ctrl+G 组合键，创建剪贴蒙版，效果如图 7-37 所示。

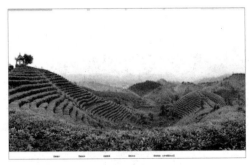

图 7-36

图 7-37

（3）选择"滤镜 > 模糊 > 高斯模糊"命令，在弹出的"高斯模糊"对话框中进行设置，如

图 7-38 所示。单击"确定"按钮，图像窗口中的效果如图 7-39 所示。

图 7-38

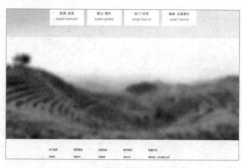

图 7-39

（4）将前景色设为浅灰色（239、239、239）。选择矩形工具 ▢ ，将属性栏中的"选择工具模式"选项设为"形状"，在图像窗口中适当的位置绘制矩形。"图层"控制面板中将生成新的图层"矩形10"。在"属性"控制面板中进行设置，如图 7-40 所示，图像窗口中的效果如图 7-41 所示。

图 7-40

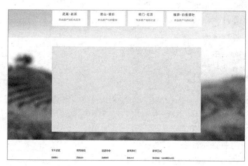

图 7-41

（5）选择"文件 > 置入嵌入对象"命令，在弹出的"置入嵌入的对象"对话框中选择本书云盘中的"Ch07 > 素材 > 制作中式茶叶官网首页 > 16"文件，单击"置入"按钮，将 16 图像置入图像窗口中，并将其拖曳到适当的位置，按 Enter 键确认操作，效果如图 7-42 所示，"图层"控制面板中将生成新的图层，将其命名为"茶园 2"。按 Alt+Ctrl+G 组合键，创建剪贴蒙版，效果如图 7-43所示。

图 7-42

图 7-43

（6）单击"图层"控制面板下方的"创建新的填充或调整图层"按钮 ◐ ，在弹出的菜单中选择"亮度/对比度"命令，"图层"控制面板中会生成"亮度/对比度 1"图层，同时弹出"亮度/对比度"面

板，各选项的设置如图 7-44 所示，按 Enter 键确认操作，按 Alt+Ctrl+G 组合键创建剪贴蒙版，效
果如图 7-45 所示。

图 7-44 图 7-45

（7）单击"图层"控制面板下方的"创建新的填充或调整图层"按钮 ，在弹出的菜单中选择"色
彩平衡"命令，"图层"控制面板中将生成"色彩平衡 1"图层，同时弹出"色彩平衡"面板，各选
项的设置如图 7-46 所示，按 Enter 键确认操作。按 Alt+Ctrl+G 组合键创建剪贴蒙版，效果如图 7-47
所示。

图 7-46 图 7-47

（8）将前景色设为深灰色（21、20、22）。选择椭圆工具 ，将属性栏中的"选择工具模式"
选项设为"形状"，按住 Shift 键的同时，在图像窗口中适当的位置绘制圆形。"图层"控制面板中
将生成新的图层"椭圆 2"。在"属性"控制面板中进行设置，如图 7-48 所示，图像窗口中的效果
如图 7-49 所示。

图 7-48 图 7-49

（9）在"图层"控制面板中设置"不透明度"选项为 40%，如图 7-50 所示，图像窗口中的效果
如图 7-51 所示。

图 7-50

图 7-51

（10）选择自定形状工具 ，单击属性栏中的"形状"选项，弹出"形状"面板，单击面板右上方的 按钮，在弹出的菜单中选择"导入形状"命令，在弹出的"载入"对话框中选择本书云盘中的 "Ch07 > 素材 > 制作中式茶叶官网首页 > All"文件，单击"载入"按钮，载入选中的形状。在"形状"面板中展开"All"选项组，选中需要的图形，如图 7-52 所示。在属性栏中将填充颜色设为白色，在图像窗口中拖曳鼠标以绘制图形，如图 7-53 所示。"图层"控制面板中将生成新的图层"多边形 1"。

（11）选择"编辑 > 变换路径 > 逆时针旋转 90 度"命令，旋转图像，效果如图 7-54 所示。

图 7-52

图 7-53

图 7-54

（12）按住 Shift 键的同时，单击"矩形 9"图层，将两个图层及它们之间的所有图层同时选中。按 Ctrl+G 组合键，编组图层并将其命名为"视频"，如图 7-55 所示。

（13）用上述方法输入文字和嵌入图像，制作出图 7-56 所示的效果。中式茶叶官网首页制作完成。

图 7-55

图 7-56

7.1.4 【相关工具】

1. 用裁剪工具裁切图像

打开一张图片，如图 7-57 所示。选择裁剪工具 ，在图像中按住鼠标左键，拖曳鼠标到适当的位置，释放鼠标，绘制出矩形裁剪框，如图 7-58 所示。在矩形裁剪框内双击或按 Enter 键，都可以完成图像的裁剪，效果如图 7-59 所示。

图 7-57

图 7-58

图 7-59

将鼠标指针放在裁剪框的边界上，拖曳鼠标可以调整裁剪框的大小，如图 7-60 所示。拖曳裁剪框上的控制点也可以缩放裁剪框，如图 7-61 所示。将鼠标指针放在裁剪框外，拖曳鼠标可旋转裁剪框，如图 7-62 所示。

图 7-60

图 7-61

图 7-62

将鼠标指针放在裁剪框内，拖曳鼠标可以移动裁剪框，如图 7-63 所示。单击工具属性栏中的 ✔ 按钮或按 Enter 键，即可裁剪图像，如图 7-64 所示。

图 7-63

图 7-64

2．使用菜单命令裁切图像

选择矩形选框工具 ⊞，在图像窗口中绘制出要裁剪的图像区域，如图 7-65 所示。选择"图像 > 裁剪"命令，对图像进行裁剪。按 Ctrl+D 组合键，取消选区，效果如图 7-66 所示。

图 7-65

图 7-66

3．用透视裁剪工具裁切图像

打开一张图片。选择透视裁剪工具 ⊞，在图像窗口中单击并拖曳鼠标，绘制矩形裁剪框，如图 7-67 所示。

将鼠标指针放置在裁剪框右下角的控制点上，按住 Shift 键的同时向上拖曳控制点，如图 7-68 所示。单击属性栏中的 ✔ 按钮或按 Enter 键，即可裁剪图像，效果如图 7-69 所示。

图 7-67　　　　　　　　　　图 7-68　　　　　　　　　　图 7-69

4.“模糊”滤镜

“模糊”滤镜可以使图像中过于清晰或对比度强烈的区域产生模糊效果。此外，也可用于制作柔和阴影。“模糊”命令的子菜单如图 7-70 所示。应用不同滤镜制作出的效果如图 7-71 所示。

原图　　　　　　表面模糊　　　　　　动感模糊　　　　　　方框模糊

高斯模糊　　　　　进一步模糊　　　　　径向模糊　　　　　镜头模糊

模糊　　　　　　　平均　　　　　　　特殊模糊　　　　　　形状模糊

图 7-70　　　　　　　　　　　　　　图 7-71

5.“模糊画廊”滤镜

“模糊画廊”滤镜可以使用图钉或路径来控制图像，从而制作模糊效果。“模糊画廊”命令的子菜单如图 7-72 所示。应用不同滤镜制作出的效果如图 7-73 所示。

场景模糊　　　　　　　　光圈模糊

移轴模糊　　　　　　　路径模糊　　　　　　　旋转模糊

图 7-72　　　　　　　　　　　　　　　　　　图 7-73

6. 图层的不透明度

通过"图层"控制面板上方的"不透明度"选项和"填充"选项可以调节图层的不透明度。"不透明度"选项用于调节图层中的图像、图层样式和混合模式的不透明度；"填充"选项则不能用来调节图层样式的不透明度。设置不同数值时，图像产生的不同效果如图 7-74 所示。

图 7-74

7.1.5 【实战演练】制作生活家具类网站首页

使用横排文字工具添加 Logo、导航和相关信息，使用矩形工具、移动工具和剪贴蒙版制作图像效果。最终效果参看云盘中的"Ch07 > 效果 > 制作生活家具类网站首页.psd"，如图 7-75 所示。

微课

制作生活家具类
网站首页 1

微课

制作生活家具类
网站首页 2

微课

制作生活家具类
网站首页 3

图 7-75

7.2 制作中式茶叶官网详情页

7.2.1 【案例分析】

品茗茶叶是一家以制茶为主的企业，多年来一直秉承汇聚源产地好茶的理念。本案例是为其官网设计制作一款详情页，要求意境悠远，能够展现茶文化。

7.2.2 【设计理念】

在设计过程中，以真实的选茶、泡茶、品茶等流程图片分层贯穿页面，再配以水墨画风格的淡雅背景，突出茶文化的魅力。最终效果参看云盘中的"Ch07/效果/制作中式茶叶官网详情页.psd"，如图 7-76 所示。

图 7-76

7.2.3 【操作步骤】

1. 制作导航条区域

（1）按 Ctrl+N 组合键，弹出"新建文档"对话框，设置宽度为 1920 像素，高度为 7302 像素，分辨率为 72 像素/英寸，颜色模式为 RGB，背景内容为白色，单击"创建"按钮，新建文档。

（2）用制作中式茶叶官网首页中的方法制作导航条区域，如图 7-77 所示。

图 7-77

（3）将前景色设为深绿色（14、99、110）。选择矩形工具 ▢，将属性栏中的"选择工具模式"选项设为"形状"，在图像窗口中适当的位置绘制矩形。"图层"控制面板中将生成新的图层"矩形2"。在"属性"面板中进行设置，如图 7-78 所示，图像窗口中的效果如图 7-79 所示。

图 7-78   图 7-79

（4）选择添加锚点工具 ，将鼠标指针移动到路径上，如图 7-80 所示，在路径上单击以添加锚点，如图 7-81 所示。用相同的方法再次添加两个锚点，如图 7-82 所示。选择直接选择工具 ，拖曳路径中的锚点来改变路径的弧度，如图 7-83 所示。

图 7-80   图 7-81   图 7-82   图 7-83

（5）选择横排文字工具 ，在适当的位置输入需要的文字并选中文字。在"字符"控制面板中将"颜色"设为白色，其他选项的设置如图 7-84 所示。按 Enter 键确认操作，效果如图 7-85 所示，"图层"控制面板中将生成新的文字图层。

（6）选择矩形工具 ，将属性栏中的"选择工具模式"选项设为"形状"，在图像窗口中适当的位置绘制矩形。"图层"控制面板中将生成新的图层"矩形 3"。在"属性"控制面板中进行设置，如图 7-86 所示，图像窗口中的效果如图 7-87 所示。

图 7-84   图 7-85   图 7-86   图 7-87

（7）选择横排文字工具 ，在适当的位置输入需要的文字并选中文字。在"字符"控制面板中将"颜色"设为深绿色（14、99、110），其他选项的设置如图 7-88 所示。按 Enter 键确认操作，效果如图 7-89 所示，"图层"控制面板中将生成新的文字图层。

图 7-88　　　　　　　　　　图 7-89

（8）按住 Shift 键的同时，单击"矩形 3"图层，将两个图层同时选中。选择移动工具 ，按住 Alt+Shift 组合键的同时，向下拖曳图形到适当的位置进行复制，效果如图 7-90 所示。将文字"黄山毛峰"修改为"信阳毛尖"，如图 7-91 所示。用相同的方法制作出图 7-92 所示的效果。

图 7-90　　　　　　图 7-91　　　　　　图 7-92

（9）选中"白毫银针"文字下方的矩形，在"属性"控制面板中进行设置，如图 7-93 所示，图像窗口中的效果如图 7-94 所示。

（10）选中"白毫银针"图层，按住 Shift 键的同时，单击"矩形 2"图层，将两个图层及它们之间的所有图层同时选中。按 Ctrl+G 组合键，编组图层并将其命名为"二级导航"，如图 7-95 所示。折叠"导航"文件夹，如图 7-96 所示。

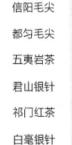

图 7-93　　　　　　图 7-94　　　　　　图 7-95　　　　　　图 7-96

2．制作海报区域

（1）将前景色设为浅灰色（223、233、237）。选择矩形工具 ▢，将属性栏中的"选择工具模式"选项设为"形状"，在图像窗口中适当的位置绘制矩形。"图层"控制面板中将生成新的图层"矩形4"。在"属性"控制面板中进行设置，如图7-97所示，图像窗口中的效果如图7-98所示。

图7-97

图7-98

（2）选择"文件 > 置入嵌入对象"命令，在弹出的"置入嵌入的对象"对话框中选择本书云盘中的"Ch07 > 素材 > 制作中式茶叶官网首页 > 03"文件，单击"置入"按钮，将03图像置入图像窗口中，调整大小并将其拖曳到适当的位置，按 Enter 键确认操作，效果如图7-99所示，"图层"控制面板中将生成新的图层，将其命名为"山水画"。按 Alt+Ctrl+G 组合键，创建剪贴蒙版，效果如图7-100所示。

图7-99

图7-100

（3）单击"图层"控制面板下方的"创建新的填充或调整图层"按钮 ●，在弹出的菜单中选择"色彩平衡"命令，"图层"控制面板中将生成"色彩平衡 1"图层，同时弹出"色彩平衡"面板，各选项的设置如图7-101所示，按 Enter 键确认操作。按 Alt+Ctrl+G 组合键创建剪贴蒙版，效果如图7-102所示。

图7-101

图7-102

（4）选择"文件 > 置入嵌入对象"命令，在弹出的"置入嵌入的对象"对话框中选择本书云盘中的"Ch07 > 素材 > 制作中式茶叶官网首页 > 04"文件，单击"置入"按钮，将 04 图像置入图像窗口中，并将其拖曳到适当的位置，按 Enter 键确认操作，效果如图 7-103 所示，"图层"控制面板中将生成新的图层，将其命名为"西湖龙井"。

（5）选择横排文字工具 **T.**，在适当的位置输入需要的文字，并在"字符"控制面板中选择合适的字体及大小，填充文字为深绿色（14、99、110），效果如图 7-104 所示，"图层"控制面板中将生成新的文字图层。

图 7-103   图 7-104

（6）单击"图层"控制面板下方的"添加图层样式"按钮 **fx.**，在弹出的菜单中选择"描边"命令，在弹出的对话框中将"颜色"设为浅黄色（235、198、166），其他选项的设置如图 7-105 所示。

（7）勾选"内阴影"复选框，切换到相应的面板，将"内阴影颜色"选项设为黑色，其他选项的设置如图 7-106 所示。单击"确定"按钮，应用样式。

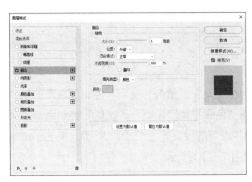
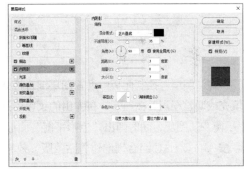

图 7-105   图 7-106

（8）按住 Shift 键的同时，单击"矩形 4"图层，将两个图层及它们之间的所有图层同时选中。按 Ctrl+G 组合键，编组图层并将其命名为"海报"。

（9）将"导航"文件夹拖曳到"海报"文件夹上方，图像窗口中的效果如图 7-107 所示。

图 7-107

3. 制作介绍区域

（1）将前景色设为浅灰色（246、246、246）。选择矩形工具 ，将属性栏中的"选择工具模式"选项设为"形状"，在图像窗口中适当的位置绘制矩形。"图层"控制面板中将生成新的图层"矩形8"。在"属性"控制面板中进行设置，如图7-108所示，图像窗口中的效果如图7-109所示。

图 7-108

图 7-109

（2）选择"文件 > 置入嵌入对象"命令，在弹出的"置入嵌入的对象"对话框中选择本书云盘中的"Ch07 > 素材 > 制作中式茶叶官网首页 > 05"文件，单击"置入"按钮，将05图像置入图像窗口中，并将其拖曳到适当的位置，按 Enter 键确认操作，效果如图 7-110 所示，"图层"控制面板中将生成新的图层，将其命名为"山"。按 Alt+Ctrl+G 组合键，创建剪贴蒙版，效果如图 7-111 所示。

图 7-110

图 7-111

（3）在"图层"控制面板中设置图层混合模式为"变暗"。单击"图层"控制面板下方的"创建新的填充或调整图层"按钮 ，在弹出的菜单中选择"色彩平衡"命令，"图层"控制面板中会生成"色彩平衡 2"图层，同时弹出"色彩平衡"面板，各选项的设置如图 7-112 所示，按 Enter 键确认操作。按 Alt+Ctrl+G 组合键创建剪贴蒙版，效果如图 7-113 所示。

图 7-112

图 7-113

（4）选择横排文字工具 **T.**，在适当的位置输入需要的文字，并在"字符"控制面板中选择合适的字体及大小，填充文字为黑色（51、51、51），效果如图 7-114 所示，"图层"控制面板中会生成新的文字图层。

图 7-114

（5）按住 Shift 键的同时，单击"矩形 8"图层，将两个图层及它们之间的所有图层同时选中。按 Ctrl+G 组合键，编组图层并将其命名为"介绍"。用上述方法制作出图 7-115 所示的效果。中式茶叶官网详情页制作完成。

图 7-115

7.2.4 【相关工具】

1. 色彩平衡

选择"图像 > 调整 > 色彩平衡"命令，或按 Ctrl+B 组合键，弹出"色彩平衡"对话框，如图 7-116 所示。

色彩平衡：用于添加过渡色来平衡色彩效果，拖曳滑块可以调整整个图像的色彩，也可以在"色阶"选项的数值框中直接输入数值来调整图像的色彩。

色调平衡：用于选取图像的阴影、中间调和高光。

保持明度：用于保持原图像的亮度。

设置不同的色彩平衡参数后，图像效果如图 7-117 所示。

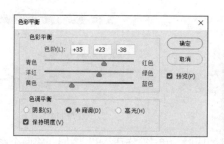

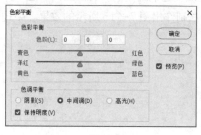
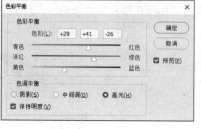

图 7-116   图 7-117

2．图像的复制

要在操作过程中随时按需要复制图像，就必须掌握复制图像的方法。

打开一张图片。选择磁性套索工具 ，绘制出要复制的图像区域，如图 7-118 所示。选择移动工具 ，将鼠标指针放在选区中，鼠标指针变为 图标，如图 7-119 所示。按住 Alt 键的同时，鼠标指针变为 图标，如图 7-120 所示。按住鼠标左键不放，拖曳选区中的图像到适当的位置，释放鼠标和 Alt 键，图像复制完成，效果如图 7-121 所示。

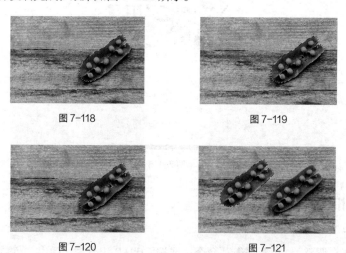

图 7-118   图 7-119

图 7-120   图 7-121

在要复制的图像上绘制选区，如图 7-118 所示。选择"编辑 > 拷贝"命令或按 Ctrl+C 组合键，将选区中的图像复制。这时屏幕上的图像并没有变化，但系统已将图像复制到剪贴板中。

选择"编辑 > 粘贴"命令或按 Ctrl+V 组合键，将剪贴板中的图像粘贴在图像的新图层中，复制的图像在原图的上方，如图 7-122 所示。选择移动工具 ，可以移动复制出的图像，效果如图 7-123 所示。

在要复制的图像上绘制选区，如图 7-118 所示。按住 Ctrl+J 组合键，复制选区中的图像，

"图层"控制面板如图 7-124 所示。选择移动工具 ，可以移动复制出的图像，效果如图 7-125 所示。

图 7-122

图 7-123

图 7-124

图 7-125

> **提示** 在复制图像前，要选择将要复制的图像区域；如果不选择图像区域，将不能复制图像。

7.2.5 【实战演练】制作生活家具类网站详情页

使用矩形工具、移动工具和"剪贴蒙版"命令制作图像显示区域，使用横排文字工具添加相关信息，使用"置入嵌入对象"命令置入图像。最终效果参看云盘中的"Ch07 > 效果 > 制作生活家具类网站详情页.psd"，如图 7-126 所示。

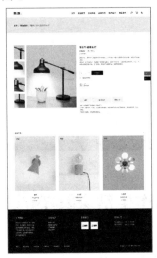

图 7-126

微课

制作生活家具类
网站详情页

7.3 综合演练——制作中式茶叶官网招聘页

7.3.1 【案例分析】

茶源中式茶叶公司是一家专注于传统中式茶叶研发、生产和销售的公司。本案例是为该公司官网设计制作招聘页，要求体现出公司的特色，吸引更多优秀人才加入。

7.3.2 【设计理念】

在设计过程中，采用简洁大气的页面布局：上部展示茶业相关图片，点明公司特色；中部的招聘信息占绝对篇幅，主次分明，内容清晰，方便有志之士按类别浏览；下部放置公司联系方式等，信息全面。

7.3.3 【知识要点】

使用移动工具添加素材图片，使用横排文字工具添加相关信息，使用"高斯模糊"命令模糊图像效果，使用图层样式美化图像，使用"剪贴蒙版"命令和矩形工具控制图像的显示区域。最终效果参看云盘中的"Ch07 > 效果 > 制作中式茶叶官网招聘页.psd"，如图 7-127 所示。

微课

制作中式茶叶官网
招聘页

图 7-127

7.4 综合演练——制作生活家具类网站列表页

7.4.1 【案例分析】

艾利佳家居是一个生产、销售现代风格家具的品牌，本案例是为该公司的网站设计制作列表页，要求风格简约，能体现出该品牌的特色。

7.4.2 【设计理念】

在设计过程中，采用浅色的背景，既方便人们浏览，又凸显商品的质感。页面以展示商品图片为主，配以简单的文字说明，贴合品牌的简约风格。

7.4.3 【知识要点】

使用"置入嵌入对象"命令置入图像，使用矩形工具和椭圆工具绘制装饰图形，使用横排文字工具添加相关信息，使用"剪贴蒙版"命令和矩形工具控制图像的显示区域。最终效果参看云盘中的"Ch07 > 效果 > 制作生活家具类网站列表页.psd"，如图 7-128 所示。

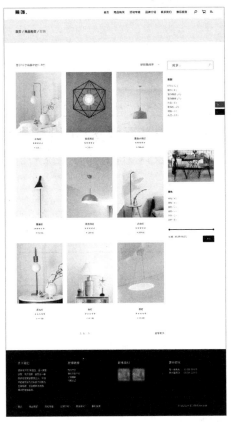

图 7-128

微课

制作生活家具类
网站列表页

08 第 8 章
包装设计

　　包装代表着一个商品的品牌形象，出色的包装设计还可以让商品在同类产品中脱颖而出，吸引消费者的注意力甚至引发其产生购买行为。本章以多个类别的商品包装设计为例，介绍包装的设计方法和制作技巧。

课堂学习目标

- 掌握包装的设计思路
- 掌握包装的制作方法和技巧

素养目标

- 培养学生对包装设计的兴趣
- 培养学生学以致用的能力

8.1 制作摄影类图书封面

8.1.1 【案例分析】

方安影像出版社是一家影像类图书出版社，本案例是为该出版社即将出版的《走进摄影世界》一书设计制作封面，要求能突出图书的专业性。

8.1.2 【设计理念】

在设计过程中，将优秀摄影作品作为封面主要元素，以吸引读者的注意。在封面上方添加书名等信息，布局合理，主次分明。封底与封面相互呼应，以展示摄影作品为主，主题明确。最终效果参看云盘中的"Ch08/效果/制作摄影类图书封面.psd"，如图 8-1 所示。

图 8-1

微课

制作摄影类图书封面

8.1.3 【操作步骤】

1．制作图书封面

（1）按 Ctrl+N 组合键，弹出"新建文档"对话框，设置宽度为 35.5 厘米，高度为 22.9 厘米，分辨率为 300 像素/英寸，背景内容为灰色（233、233、233），单击"创建"按钮，新建文档。

（2）选择"视图 > 新建参考线"命令，在弹出的对话框中进行设置，如图 8-2 所示。单击"确定"按钮，效果如图 8-3 所示。

图 8-2

图 8-3

（3）用相同的方法在 18.5 厘米处新建另一条参考线，如图 8-4 所示。选择矩形工具，将属性栏中的"选择工具模式"选项设为"形状"，将"填充"颜色设为蓝绿色（171、219、219），在图像窗口中绘制矩形，效果如图 8-5 所示，"图层"控制面板中会生成新的图层"矩形 1"。

图 8-4 · 图 8-5

（4）按 Ctrl＋O 组合键，打开本书云盘中的"Ch08＞素材＞制作摄影类图书封面＞01"文件，选择移动工具 ⊕，将图片拖曳到图像窗口中适当的位置，效果如图 8-6 所示，"图层"控制面板中将生成新图层，将其命名为"照片 1"。按 Alt+Ctrl+G 组合键，创建剪贴蒙版，效果如图 8-7 所示。

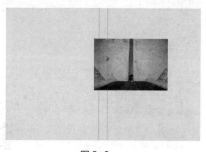
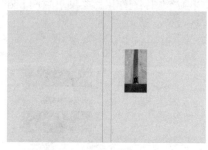

图 8-6 · 图 8-7

（5）按住 Shift 键的同时，单击"矩形 1"图层，将"矩形 1"和"照片 1"图层同时选中。按住 Alt+Shift 组合键的同时，将其拖曳到适当的位置，复制图像，效果如图 8-8 所示。选择"照片 1 拷贝"图层，按 Delete 键删除该图层，效果如图 8-9 所示。

（6）按 Ctrl+T 组合键，图像周围出现变换框，将鼠标指针放在下方中间的控制手柄上，向上拖曳到适当的位置，用相同的方法向右拖曳右侧中间的控制手柄，按 Enter 键确认操作，效果如图 8-10 所示。

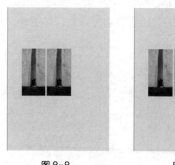

图 8-8 · · · · · · · · · · · 图 8-9 · · · · · · · · · · · 图 8-10

（7）按 Ctrl＋O 组合键，打开本书云盘中的"Ch08＞素材＞制作摄影类图书封面＞02"文件，选择移动工具 ⊕，将图片拖曳到图像窗口中适当的位置，效果如图 8-11 所示，"图层"控制面板中将生成新图层，将其命名为"照片 2"。按 Alt+Ctrl+G 组合键，创建剪贴蒙版，效果如图 8-12 所示。用相同的方法制作其他照片，效果如图 8-13 所示。

图 8-11

图 8-12

图 8-13

（8）选择横排文字工具 **T**，在适当的位置分别输入需要的文字并选中文字，在属性栏中分别选择合适的字体并设置文字大小，效果如图 8-14 所示，"图层"控制面板中将分别生成新的文字图层。选择"零基础学……"文字图层。选择"窗口 > 字符"命令，弹出"字符"控制面板，各选项的设置如图 8-15 所示。按 Enter 键确认操作，效果如图 8-16 所示。

图 8-14

图 8-15

（9）按住 Ctrl 键的同时，单击"零基础学……""走进摄影世界""构图与用光""矩形 1 拷贝5"图层，将它们同时选中。选择移动工具 ⊕，单击属性栏中的"右对齐"按钮 █，对齐文字和图形，效果如图 8-17 所示。

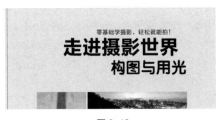
图 8-16

图 8-17

（10）按住 Ctrl 键的同时，单击"零基础学……"和"构图与用光"图层，将它们同时选中。在"字符"控制面中，将"颜色"选项设为橘色（255、87、9），效果如图 8-18 所示。按 Ctrl+O 组合键，打开本书云盘中的"Ch08 > 素材 > 制作摄影类图书封面 > 07"文件，选择移动工具 ⊕，将图片拖曳到图像窗口中适当的位置，效果如图 8-19 所示，"图层"控制面板中将生成新图层，将其命名为"相机"。

图 8-18

图 8-19

（11）选择横排文字工具 **T**，在适当的位置拖曳出一个文本框，输入需要的文字并选中文字，在属性栏中选择合适的字体并设置文字大小，效果如图 8-20 所示，"图层"控制面板中会生成新的文字图层。

（12）选择横排文字工具 **T**，在适当的位置输入需要的文字并选中文字，在属性栏中选择合适的字体并设置文字大小，效果如图 8-21 所示，"图层"控制面板中会生成新的文字图层。

（13）选择矩形工具 **▢**，在属性栏中将"选择工具模式"选项设为"形状"，将填充颜色设为绿色（171、219、219），在图像窗口中绘制矩形，效果如图 8-22 所示，"图层"控制面板中将生成新的图层"矩形 2"。

图 8-20

图 8-21

图 8-22

（14）选择自定形状工具 **⚙**，单击属性栏中的"形状"选项，弹出"形状"面板，单击面板右上方的 **⚙** 按钮，在弹出的菜单中选择"导入形状"命令，在弹出的"载入"对话框中选择本书云盘中的 "Ch08 > 素材 > 制作摄影类图书封面 > All"文件，单击"载入"按钮，载入选中的形状。在"形状"面板中展开"All"选项组，选中需要的图形，如图 8-23 所示。在属性栏中将填充颜色设为黑色，在图像窗口中拖曳鼠标指针以绘制图形，如图 8-24 所示。"图层"控制面板中将生成新的图层"形状 1"。

（15）选择横排文字工具 **T**，在适当的位置输入需要的文字并选中文字，在属性栏中选择合适的字体并设置文字大小，按 Alt+ →组合键调整文字间距，效果如图 8-25 所示，"图层"控制面板中会生成新的文字图层。

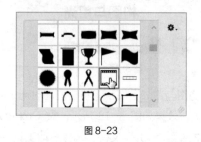

图 8-23

图 8-24

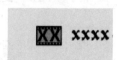

图 8-25

（16）按住 Shift 键的同时，单击"矩形 1"图层，将"XX"和"矩形 1"图层及它们之间的所有图层同时选中。按 Ctrl+G 组合键，编组图层并将其命名为"封面"。

2. 制作图书封底

（1）选择矩形工具 □，在属性栏中将填充颜色设为灰色（170、170、170），在图像窗口中绘制矩形，效果如图 8-26 所示，"图层"控制面板中将生成新的图层"矩形 3"。

（2）按 Ctrl+O 组合键，打开本书云盘中的"Ch08 > 素材 > 制作摄影类图书封面 > 08"文件，选择"移动"工具 ⊕，将图片拖曳到图像窗口中适当的位置，效果如图 8-27 所示，"图层"控制面板中将生成新图层，将其命名为"照片 7"。按 Alt+Ctrl+G 组合键，创建剪贴蒙版，效果如图 8-28 所示。

图 8-26　　　　　　　　　　图 8-27　　　　　　　　　　图 8-28

（3）按住 Shift 键的同时，单击"矩形 3"图层，将"矩形 3"和"照片 7"图层同时选中。按住 Alt+Shift 组合键的同时，将其拖曳到适当的位置，复制图像，效果如图 8-29 所示。选择"照片 7 拷贝"图层，按 Delete 键删除该图层，效果如图 8-30 所示。

（4）按 Ctrl+O 组合键，打开本书云盘中的"Ch08 > 素材 > 制作摄影类图书封面 > 09"文件，选择"移动"工具 ⊕，将图片拖曳到图像窗口中适当的位置，效果如图 8-31 所示，"图层"控制面板中将生成新图层，将其命名为"照片 8"。

图 8-29　　　　　　　　　　图 8-30　　　　　　　　　　图 8-31

（5）按 Alt+Ctrl+G 组合键，创建剪贴蒙版，效果如图 8-32 所示。用相同的方法处理下方的照片，效果如图 8-33 所示。选择横排文字工具 T，在适当的位置输入需要的文字并选中文字，在属性栏中选择合适的字体并设置文字大小，效果如图 8-34 所示，"图层"控制面板中将生成新的文字图层。

图 8-32　　　　　　　　　　　图 8-33　　　　　　　　　　　图 8-34

（6）选中文字"出版社"。"字符"控制面板中各选项的设置如图 8-35 所示。按 Enter 键确认操作，效果如图 8-36 所示。用相同的方法调整其他文字，效果如图 8-37 所示。

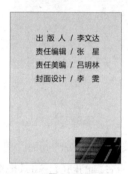

图 8-35　　　　　　　　　　　图 8-36　　　　　　　　　　　图 8-37

（7）选择矩形工具 ，在属性栏中将填充颜色设为白色，在图像窗口中绘制矩形，效果如图 8-38 所示，"图层"控制面板中将生成新的图层"矩形 4"。按 Ctrl+J 组合键，复制图形，生成新的图层"矩形 4 拷贝"。

（8）按 Ctrl+T 组合键，图像周围出现变换框，将鼠标指针放在下方中间的控制手柄上，向上拖曳到适当的位置，按 Enter 键确认操作，效果如图 8-39 所示。选择移动工具 ，按住 Alt 键的同时，将图形拖曳到适当的位置，复制图形，效果如图 8-40 所示。

图 8-38　　　　　　　　　　　图 8-39　　　　　　　　　　　图 8-40

（9）选择横排文字工具 ，在适当的位置分别输入需要的文字并选中文字。在属性栏中分别选择合适的字体并设置适当的文字大小，设置文字颜色为白色，效果如图 8-41 所示，"图层"控制面板中将分别生成新的文字图层。

（10）按住 Shift 键的同时，单击"×××……"图层，将两个文字图层同时选中。"字符"控制面板中各选项的设置如图 8-42 所示。按 Enter 键确认操作，效果如图 8-43 所示。

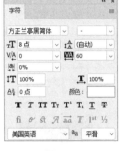

图 8-41　　　　　　　　　　　图 8-42　　　　　　　　　　　图 8-43

（11）按住 Shift 键的同时，单击"矩形 3"图层，将"定价：28.00 元"和"矩形 3"图层及它们之间的所有图层同时选中。按 Ctrl+G 组合键，编组图层并将其命名为"封底"。

3．制作图书书脊

（1）按住 Ctrl 键的同时，单击"走进摄影世界"和"构图与用光"图层，将其同时选中。按 Ctrl+J 组合键，复制文字，生成新的拷贝图层，并将其拖曳到所有图层的上方，如图 8-44 所示。选择移动工具 ，将文字拖曳到适当的位置，效果如图 8-45 所示。

图 8-44　　　　　　　　　　　　　　　图 8-45

（2）选择横排文字工具 ，在属性栏中单击"切换文本取向"按钮 ，竖排文字，效果如图 8-46 所示。分别选中文字，并调整文字大小。选择移动工具 ，将文字分别拖曳到适当的位置，效果如图 8-47 所示。

图 8-46　　　　　　　　　　　　　　　图 8-47

（3）按住 Ctrl 键的同时，单击"相机""矩形 2""形状 1"图层，将它们同时选中。按 Ctrl+J 组合键，复制图像，生成新的拷贝图层，并将其拖曳到所有图层的上方。选择移动工具 ⊕，分别将图形和图像拖曳到适当的位置，并调整它们的大小，效果如图 8-48 所示。

（4）用上述方法复制文字，并调整文字方向和大小，效果如图 8-49 所示。按住 Shift 键的同时，单击"××××出版社"图层，将"走进摄影世界"和"××××出版社"图层及它们之间的所有图层同时选中。按 Ctrl+G 组合键，编组图层并将其命名为"书脊"。摄影类图书封面制作完成，效果如图 8-50 所示。

图 8-48   图 8-49   图 8-50

8.1.4   【相关工具】

1. 参考线

将鼠标指针放在水平标尺上，按住鼠标左键不放，向下拖曳出水平参考线，效果如图 8-51 所示。将鼠标指针放在垂直标尺上，按住鼠标左键不放，向右拖曳出垂直参考线，效果如图 8-52 所示。

图 8-51   图 8-52

选择"视图 > 显示 > 参考线"命令，可以显示或隐藏参考线，此命令只有在存在参考线的前提下才能应用。反复按 Ctrl+; 组合键，也可以显示或隐藏参考线。

选择移动工具 ⊕，将鼠标指针放在参考线上，鼠标指针变为 ⇅，拖曳鼠标可以移动参考线。

选择"视图 > 锁定参考线"命令或按 Alt+Ctrl+; 组合键，可以将参考线锁定，参考线锁定后将不能移动。选择"视图 > 清除参考线"命令，可以将参考线清除。选择"视图 > 新建参考线"命令，弹出"新建参考线"对话框，如图 8-53 所示，设定后单击"确定"按钮，图像中会出现新建的参考线。

图 8-53

2. 自定形状工具

　　选择自定形状工具 ，或反复按 Shift+U 组合键，其属性栏如图 8-54 所示。其属性栏中的内容与矩形工具属性栏的类似，只增加了"形状"选项，用于选择所需的形状。

图 8-54

　　单击"形状"选项，弹出图 8-55 所示的"形状"面板，其中存储了可供选择的各种不规则形状。打开一张图片，在图像窗口中绘制形状图形，效果如图 8-56 所示，"图层"控制面板如图 8-57 所示。

图 8-55　　　　　　　　　　图 8-56　　　　　　　　　　图 8-57

　　选择钢笔工具 ，在图像窗口中绘制并填充路径，如图 8-58 所示。选择"编辑 > 定义自定形状"命令，弹出"形状名称"对话框，在"名称"文本框中输入自定形状的名称，如图 8-59 所示，单击"确定"按钮。"形状"面板中会显示刚才定义的形状，如图 8-60 所示。

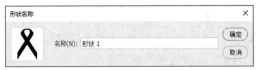

图 8-58　　　　　　　　　　图 8-59　　　　　　　　　　图 8-60

3."变换"命令

在操作过程中可以根据设计和制作的需要变换已经绘制好的选区。

打开一张图片。选择椭圆选框工具 ◯，在要变换的图像上绘制选区。选择"编辑 > 自由变换"或"变换"命令，其子菜单如图 8-61 所示，应用不同的"变换"命令后，图像的变换效果如图 8-62所示。

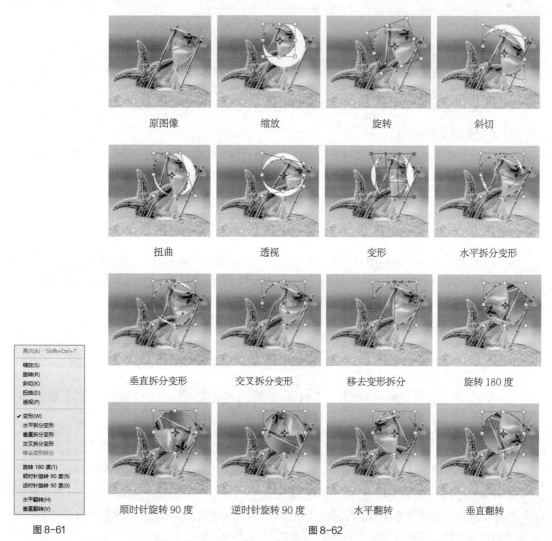

原图像	缩放	旋转	斜切
扭曲	透视	变形	水平拆分变形
垂直拆分变形	交叉拆分变形	移去变形拆分	旋转 180 度
顺时针旋转 90 度	逆时针旋转 90 度	水平翻转	垂直翻转

图 8-61　　　　　　　　　　　　　　　　　　　　　图 8-62

8.1.5 【实战演练】制作花艺工坊图书封面

使用"新建参考线"命令添加参考线，使用"置入"命令置入图片，使用剪贴蒙版和矩形工具制作图像显示效果，使用横排文字工具添加文字信息，使用钢笔工具和直线工具添加装饰图案，使用图层混合模式更改图像的显示效果。最终效果参看云盘中的"Ch08 > 效果 > 制作花艺工坊图书封面.psd"，如图 8-63 所示。

图 8-63

微课

制作花艺工坊图书
封面 1

微课

制作花艺工坊图书
封面 2

微课

制作花艺工坊图书
封面 3

8.2 制作摄影类杂志封面

8.2.1 【案例分析】

《人像世界》是为喜爱摄影尤其是人物摄影的读者准备的专业杂志，杂志主要介绍摄影技术、摄影器材等摄影相关内容。本案例是为该杂志设计制作一期封面，要求营造出摄影类杂志的专业感，人像主题突出。

8.2.2 【设计理念】

在设计过程中，以具有质感的模特照片作为画面主体，与杂志名称呼应。背景与文字色彩清新雅致，突出杂志的艺术审美。栏目标题的设计主次分明、条理清晰。最终效果参看云盘中的"Ch08/效果/制作摄影类杂志封面.psd"，如图 8-64 所示。

图 8-64

微课

制作摄影类杂志封面

8.2.3 【操作步骤】

（1）按 Ctrl+N 组合键，弹出"新建文档"对话框，设置宽度为 21 厘米，高度为 28.5 厘米，分辨率为 150 像素/英寸，背景内容为白色，单击"创建"按钮，新建文档。

（2）选择"文件 > 置入嵌入对象"命令，在弹出的"置入嵌入的对象"对话框中选择本书云盘中的"Ch08 > 素材 > 制作摄影类杂志封面 > 01"文件，单击"置入"按钮，将01图像置入图像窗口中，按 Enter 键确认操作，效果如图 8-65 所示，"图层"控制面板中将生成新的图层，将其命名为"人物"，如图 8-66 所示。

（3）按 Ctrl+J 组合键，复制图层并生成"人物 拷贝"图层。用鼠标右键单击"人物 拷贝"图层，在弹出的快捷菜单中选择"栅格化图层"命令，将图层栅格化，如图 8-67 所示。

图 8-65　　　　　　　　图 8-66　　　　　　　　图 8-67

（4）选择污点修复画笔工具 ，在属性栏中单击"画笔"选项右侧的 按钮，弹出"画笔"面板，具体设置如图 8-68 所示，在眼角与眼袋处单击，去除眼角的皱纹和眼袋，如图 8-69 所示。

图 8-68　　　　　　　　　图 8-69

（5）选择仿制图章工具 ，在属性栏中单击"画笔"选项右侧的 按钮，弹出"画笔"面板，具体设置如图 8-70 所示。在属性栏中将"不透明度"选项设为 100%，按住 Alt 键的同时，单击背景以吸取背景颜色，如图 8-71 所示。释放 Alt 键，在图像窗口中进行涂抹，去除杂乱的头发，如图 8-72 所示。

图 8-70　　　　　　　　图 8-71　　　　　　　　图 8-72

（6）选择"图像 > 调整 > 可选颜色"命令，在弹出的"可选颜色"对话框中进行设置，如图 8-73 所示，单击"确定"按钮，图像窗口中的效果如图 8-74 所示。

图 8-73   图 8-74

（7）选择"滤镜 > 液化"命令，弹出"液化"对话框，在左侧的工具栏中单击"脸部工具"按钮 ，将鼠标指针放置在下颌处，鼠标指针变为 时，如图 8-75 所示，单击并向左上方拖曳鼠标到适当的位置，调整图像，效果如图 8-76 所示。

（8）将鼠标指针放置在鼻子的区域，如图 8-77 所示。将鼠标指针放置在中间的控制点上，单击并向下拖曳鼠标到适当的位置，调整鼻子的高度，效果如图 8-78 所示。

图 8-75   图 8-76   图 8-77   图 8-78

（9）单击向前变形工具按钮 ，在"属性"控制面板的"画笔工具选项"组中进行设置，如图 8-79 所示，调整人物的腰身，效果如图 8-80 所示。单击"确定"按钮，图像窗口中的效果如图 8-81 所示。

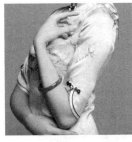

图 8-79   图 8-80   图 8-81

（10）单击"图层"控制面板下方的"创建新的填充或调整图层"按钮 ，在弹出的菜单中选择

"色阶"命令，"图层"控制面板中将生成"色阶 1"图层，同时弹出"色阶"面板，各选项的设置如图 8-82 所示。按 Enter 键确认操作，效果如图 8-83 所示。

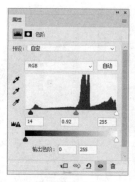 

图 8-82　　　　　　　　　图 8-83

（11）单击"图层"控制面板下方的"创建新的填充或调整图层"按钮 ，在弹出的菜单中选择"照片滤镜"命令，"图层"控制面板中将生成"照片滤镜 1"图层，同时弹出"照片滤镜"面板，各选项的设置如图 8-84 所示。按 Enter 键确认操作，效果如图 8-85 所示。

图 8-84　　　　　　　　　图 8-85

（12）选择"文件 > 置入嵌入对象"命令，在弹出的"置入嵌入的对象"对话框中选择本书云盘中的"Ch08 > 素材 > 制作摄影类杂志封面 > 02"文件，单击"置入"按钮，将 02 图像置入图像窗口中，按 Enter 键确认操作，效果如图 8-86 所示，"图层"控制面板中将生成新的图层，将其命名为"文字"，如图 8-87 所示。影视杂志封面制作完成。

图 8-86　　　　　　　　　图 8-87

8.2.4 【相关工具】

1. "液化"滤镜

"液化"滤镜可以制作出各种类似液化的图像变形效果。打开一张图片。选择"滤镜 > 液化"命令，或按 Shift+Ctrl+X 组合键，弹出"液化"对话框，如图 8-88 所示。

图 8-88

左侧的工具由上到下分别为"向前变形"工具 、"重建"工具 、"平滑"工具 ，"顺时针旋转扭曲"工具 、"褶皱"工具 、"膨胀"工具 、"左推"工具 、"冻结蒙版"工具 、"解冻蒙版"工具 、"脸部"工具 、"抓手"工具 和"缩放"工具 。

在"画笔工具选项"组中，"大小"选项用于设定所选工具的笔触大小；"浓度"选项用于设定画笔的浓密度；"压力"选项用于设定画笔的压力，压力越小，变形的过程越慢；"速率"选项用于设定画笔的绘制速度；"光笔压力"选项用于设定压感笔的压力。

在"人脸识别液化"组中，"眼睛"选项组用于设定眼睛的大小、高度、宽度、斜度和距离；"鼻子"选项组用于设定鼻子的高度和宽度；"嘴唇"选项组用于设定微笑、上嘴唇、下嘴唇、嘴唇的宽度和高度；"脸部形状"选项组用于设定脸部的前额、下巴高度、下颌和脸部宽度。

"载入网格选项"组用于载入、使用和存储网格。

"蒙版选项"组用于选择通道蒙版的形式。单击"无"按钮，可以移去所有冻结区域；单击"全部蒙住"按钮，可以冻结整个图像；单击"全部反相"按钮，可以反相所有冻结区域。

在"视图选项"组中，勾选"显示图像"复选框，可以在预览中显示图像；勾选"显示网格"复选框，可以在预览中显示网格，"网格大小"选项用于设置网格的大小，"网格颜色"选项用于设置网格的颜色；勾选"显示蒙版"复选框，可以在预览中显示冻结蒙版，"蒙版颜色"选项用于设置蒙版的颜色；勾选"显示背景"复选框，在"使用"选项的下拉列表中可以选择图层，在"模式"下拉列表中可以选择不同的模式，"不透明度"选项用于设置不透明度。

在"画笔重建选项"组中，"重建"按钮用于重建所有拉丝区域；"恢复全部"按钮用于移去所有拉丝区域。

在对话框中对图像脸部进行变形，如图 8-89 所示，单击"确定"按钮，完成图像的液化变形，效果如图 8-90 所示。

图 8-89

图 8-90

2. 修补工具

使用修补工具可以用图像中的其他区域来修补当前选中的需要修补的区域，也可以使用图案来进行修补。选择修补工具 ，或反复按 Shift+J 组合键，其属性栏如图 8-91 所示。

图 8-91

选择修补工具 ，圈选图像中的水果，如图 8-92 所示。选择属性栏中的"源"选项，在选区中单击并按住鼠标左键不放，移动鼠标将选区中的图像拖曳到需要的位置，如图 8-93 所示。释放鼠标，选区中的图像被新选取的图像所修补，效果如图 8-94 所示。按 Ctrl+D 组合键，取消选区，修补的效果如图 8-95 所示。

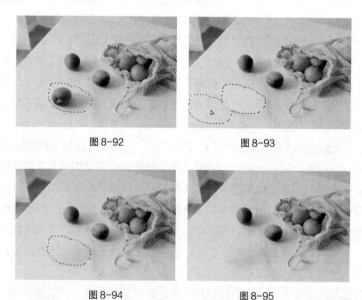

图 8-92   图 8-93

图 8-94   图 8-95

选择修补工具属性栏中的"目标"选项，用修补工具 圈选图像中的区域，如图 8-96 所示。再将选区拖曳到要修补的图像区域，如图 8-97 所示，第一次选中的图像修补了选区拖曳所在的位置，如图 8-98 所示。按 Ctrl+D 组合键，取消选区，修补效果如图 8-99 所示。

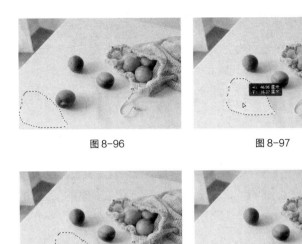

图 8-96　　　　　　　　　　　　图 8-97

图 8-98　　　　　　　　　　　　图 8-99

3．污点修复画笔工具

污点修复画笔工具的工作方式与修复画笔工具相似，都是使用图像中的样本像素进行绘画，并将样本像素的纹理、光照、透明度和阴影与所要修复的像素相匹配。污点修复画笔工具不需要设定样本点，它会自动从所修复区域的周围取样。

选择污点修复画笔工具 🖌️，或反复按 Shift+J 组合键，其属性栏如图 8-100 所示。

图 8-100

原始图像如图 8-101 所示。选择污点修复画笔工具 🖌️，在属性栏中按图 8-102 所示进行设定。在要修复的图像上拖曳鼠标，如图 8-103 所示。释放鼠标，图像被修复，效果如图 8-104 所示。

图 8-101

图 8-102

图 8-103　　　　　　　　　　　　图 8-104

4．仿制图章工具

仿制图章工具可以以指定的像素点为复制基准点，将其周围的图像复制到其他地方。选择仿制图章工具 ，或反复按 Shift+S 组合键，其属性栏如图 8-105 所示。

图 8-105

流量：用于设定扩散的速度。对齐：用于控制是否在复制时使用对齐功能。

选择仿制图章工具 ，将鼠标指针放在图像中需要复制的位置，按住 Alt 键，鼠标指针变为圆形十字图标 ，如图 8-106 所示，单击选定取样点，释放鼠标，在合适的位置按住鼠标左键不放，拖曳鼠标以复制取样点的图像，效果如图 8-107 所示。

图 8-106

图 8-107

5．加深工具

选择加深工具 ，或反复按 Shift+O 组合键，其属性栏如图 8-108 所示。

图 8-108

范围：用于设定图像中要提高亮度的区域。曝光度：用于设定曝光的强度。

打开一张图片，如图 8-109 所示。选择加深工具 ，在属性栏中按图 8-110 所示进行设定。在图像中的动物上按住鼠标左键不放，拖曳鼠标使图像产生加深效果，如图 8-111 所示。

图 8-109

图 8-110

图 8-111

6．"可选颜色"命令

打开一张图片，如图 8-112 所示。选择"图像 > 调整 > 可选颜色"命令，弹出"可选颜色"对话框，具体设置如图 8-113 所示。单击"确定"按钮，效果如图 8-114 所示。

图 8-112

图 8-113

图 8-114

颜色：可以选择图像中的不同色彩，通过拖曳滑块或输入数值调整青色、洋红、黄色、黑色的百分比。方法：可以选择调整方法，包括"相对"和"绝对"两种。

8.2.5 【实战演练】制作时尚杂志封面

使用"可选颜色"命令调整图像颜色，使用仿制图章工具修复碎发，使用"液化"命令修复脸部和肩部，使用快速选择工具调整人物形体。最终效果参看云盘中的"Ch08 > 效果 > 制作时尚杂志封面.psd"，如图 8-115 所示。

图 8-115

微课

制作时尚杂志封面

8.3 制作果汁饮料包装

8.3.1 【案例分析】

云天公司是一家生产和销售果汁饮品的企业，现推出葡萄口味的新产品。本案例是为该款产品设计制作包装，要求包装采用易拉罐设计，并进行成品效果展示。

8.3.2 【设计理念】

在设计过程中，先设计饮品的易拉罐造型。易拉罐外包装以新鲜的葡萄图片为主，强调饮品的品质。文字说明再次强调原料的自然、健康，让顾客放心。展示海报以蓝色作为背景，搭配饮品和冰块，给人清凉、冰爽的感觉，吸引人们购买。最终效果参看云盘中的"Ch08/效果/制作果汁饮料包装/果汁饮料包装展示效果.psd"，如图 8-116 所示。

图 8-116

微课

制作果汁饮料包装

8.3.3 【操作步骤】

1. 添加并编辑文字

（1）按 Ctrl+O 组合键，打开本书云盘中的"Ch08 > 素材 > 制作果汁饮料包装 > 01"文件，如图 8-117 所示。将前景色设为黄色（255、255、0）。选择横排文字工具 ，在适当的位置输入需要的文字并选中文字，在属性栏中选择合适的字体并设置文字大小，效果如图 8-118 所示，"图层"控制面板中将生成新的文字图层。

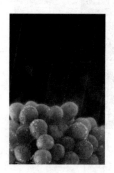

图 8-117

图 8-118

（2）单击属性栏中的"创建文字变形"按钮 ，弹出"变形文字"对话框，各选项的设置如图 8-119 所示。单击"确定"按钮，效果如图 8-120 所示。

图 8-119

图 8-120

（3）单击"图层"控制面板下方的"添加图层样式"按钮 *fx*，在弹出的菜单中选择"投影"命令，在弹出的对话框中进行设置，如图 8-121 所示。单击"确定"按钮，效果如图 8-122 所示。

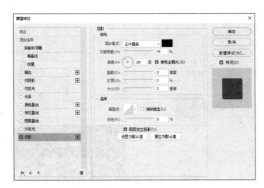

图 8-121   图 8-122

（4）将前景色设为白色。选择横排文字工具 **T.**，在适当的位置输入需要的文字并选中文字，在属性栏中选择合适的字体和文字大小，效果如图 8-123 所示，"图层"控制面板中将生成新的文字图层。

（5）新建图层并将其命名为"注册标志"。选择自定形状工具 *⬠*，单击属性栏中"形状"选项右侧的 按钮，弹出"形状"面板，单击面板右上方的 按钮，在弹出的菜单中选择"导入形状"命令，在弹出的"载入"对话框中选择本书云盘中的 "Ch08 > 素材 > 制作果汁饮料包装 > All"文件，单击"载入"按钮，载入选中的形状。在"形状"面板中展开"All"选项组，选中需要的图形，如图 8-124 所示。在属性栏中的"选择工具模式"选项中选择"像素"，将填充颜色设为白色，在图像窗口中拖曳鼠标以绘制图形，效果如图 8-125 所示。

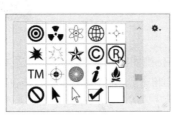

图 8-123   图 8-124   图 8-125

（6）选择横排文字工具 **T.**，在适当的位置输入需要的文字并选中文字，在属性栏中选择合适的字体并设置文字大小，"图层"控制面板中将生成新的文字图层。按 Ctrl+T 组合键，弹出"字符"控制面板，具体设置如图 8-126 所示。按 Enter 键确认操作，文字效果如图 8-127 所示。

图 8-126   图 8-127

（7）单击"图层"控制面板下方的"添加图层样式"按钮 *fx.*，在弹出的菜单中选择"投影"命令，在弹出的对话框中进行设置，如图 8-128 所示。单击"确定"按钮，效果如图 8-129 所示。

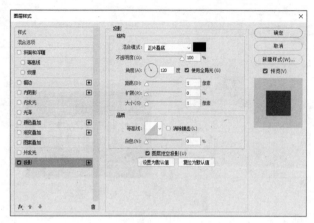

图 8-128   图 8-129

（8）新建图层并将其命名为"星星"。选择自定形状工具 ，单击属性栏中"形状"选项右侧的 按钮，在弹出的"形状"面板中选择需要的图形，如图 8-130 所示。在属性栏的"选择工具模式"选项中选择"像素"，在图像窗口中适当的位置绘制图形，效果如图 8-131 所示。

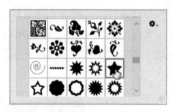

图 8-130   图 8-131

（9）选择移动工具 ，按住 Alt 键的同时，拖曳星星到适当的位置，对其进行复制，效果如图 8-132 所示，"图层"控制面板中将生成新的图层"星星 拷贝"。

（10）将前景色设为红色（153、0、0）。选择横排文字工具 T.，在适当的位置输入需要的文字并选中文字，在属性栏中选择合适的字体并设置文字大小，效果如图 8-133 所示，"图层"控制面板中将生成新的文字图层。

图 8-132   图 8-133

（11）单击"图层"控制面板下方的"添加图层样式"按钮 fx，在弹出的菜单中选择"描边"命令，弹出对话框，将描边颜色设为白色，其他选项的设置如图 8-134 所示。单击"确定"按钮，效果如图 8-135 所示。果汁饮料包装平面图制作完成，效果如图 8-136 所示。

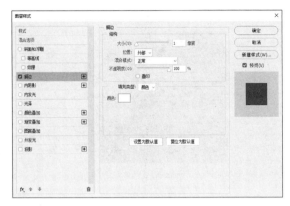

图 8-134　　　　　　　　　　　　　图 8-135　　　　　　图 8-136

（12）按 Ctrl+S 组合键，弹出"存储为"对话框，将文件命名为"果汁饮料包装平面图"，保存为 JPG 格式，单击"保存"按钮进行保存。

2．制作包装立体效果

（1）按 Ctrl+N 组合键，弹出"新建文档"对话框，设置宽度为 15 厘米，高度为 15 厘米，分辨率为 72 像素/英寸，颜色模式为 RGB，背景内容为白色，单击"确定"按钮。将前景色设为绿色（0、204、105）。按 Alt+Delete 组合键，用前景色填充背景图层。

（2）选择"滤镜 > 渲染 > 光照效果"命令，弹出"光照效果"面板，具体设置如图 8-137 所示。在图像窗口中调整光源，如图 8-138 所示。在属性栏中单击"确定"按钮，效果如图 8-139 所示。

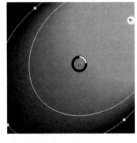

图 8-137　　　　　　　　　图 8-138　　　　　　　　　图 8-139

（3）按 Ctrl+O 组合键，打开本书云盘中的"Ch08 > 素材 > 制作果汁饮料包装 > 02"文件，选择"移动"工具 ，将易拉罐图片拖曳到图像窗口中的适当位置并调整其大小，效果如图 8-140

所示。"图层"控制面板中将生成新的图层，将其命名为"易拉罐"。

（4）按 Ctrl+O 组合键，打开本书云盘中的"Ch08 > 效果 > 果汁饮料包装平面图.jpg"文件，选择移动工具 ⊕ ，拖曳图片到图像窗口中的适当位置，效果如图 8-141 所示。"图层"控制面板中将生成新的图层，将其命名为"包装平面图"。

图 8-140   图 8-141

（5）按 Ctrl+T 组合键，图像周围出现变换框，在变换框中单击鼠标右键，在弹出的快捷菜单中选择"顺时针旋转 90 度"命令，将图像旋转，按 Enter 键确认操作，效果如图 8-142 所示。选择"滤镜 > 扭曲 > 切变"命令，在弹出的对话框中调整曲线的弧度，如图 8-143 所示。单击"确定"按钮，效果如图 8-144 所示。

图 8-142   图 8-143   图 8-144

（6）按 Ctrl+T 组合键，图像周围出现变换框，在变换框中单击鼠标右键，在弹出的快捷菜单中选择"逆时针旋转 90 度"命令，将图像逆时针旋转，按 Enter 键确认操作，效果如图 8-145 所示。在"图层"控制面板中，将该图层的"不透明度"选项设为 50%，如图 8-146 所示。按 Enter 键确认操作，图像效果如图 8-147 所示。

图 8-145   图 8-146   图 8-147

（7）按 Ctrl+T 组合键，图像周围出现控制手柄，拖曳控制手柄调整图片的大小及位置，按 Enter 键确认操作，效果如图 8-148 所示。选择钢笔工具 ⌀，在属性栏的"选择工具模式"选项中选择"路径"，在图像窗口中沿着易拉罐的轮廓绘制路径，如图 8-149 所示。

图 8-148　　　　　　　　　　图 8-149

（8）按 Ctrl+Enter 组合键，将路径转换为选区。按 Shift+Ctrl+I 组合键，将选区反选。按 Delete 键，将选区中的图像删除。按 Ctrl+D 组合键，取消选区，效果如图 8-150 所示。在"图层"控制面板中，将该图层的"不透明度"选项设为 100%，按 Enter 键确认操作，图像效果如图 8-151 所示。

图 8-150　　　　　　　　　　图 8-151

（9）选择矩形选框工具 ▭，在易拉罐上绘制一个矩形选区，如图 8-152 所示。按 Shift+F6 组合键，在弹出的"羽化选区"对话框中进行设置，如图 8-153 所示。单击"确定"按钮，效果如图 8-154 所示。

图 8-152　　　　　　　图 8-153　　　　　　　图 8-154

（10）按 Ctrl+M 组合键，在弹出的"曲线"对话框中进行设置，如图 8-155 所示，单击"确定"按钮。按 Ctrl+D 组合键，取消选区，效果如图 8-156 所示。

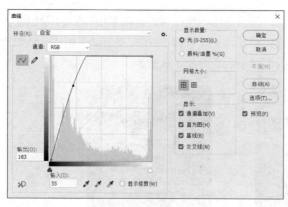

图 8-155　　　　　　　　　　　　　　　图 8-156

　　（11）按 Ctrl+O 组合键，打开本书云盘中的"Ch08 > 素材 > 制作果汁饮料包装 > 03"文件。选择"移动"工具 ，将 03 图片拖曳到图像窗口中的适当位置并调整其大小，效果如图 8-157 所示。"图层"控制面板中将生成新的图层，将其命名为"高光"，并将其"不透明度"选项设为 40%，按 Enter 键确认操作，效果如图 8-158 所示。

图 8-157　　　　　　　　　　　　　　　图 8-158

　　（12）新建图层并将其命名为"阴影 1"。将前景色设置为黑色。选择椭圆选框工具 ，在属性栏中将"羽化"选项设为 3 像素，拖曳鼠标绘制一个椭圆选区，效果如图 8-159 所示。按 Alt+Delete 组合键，用前景色填充选区。按 Ctrl+D 组合键，取消选区，效果如图 8-160 所示。

图 8-159　　　　　　　　　　　　　　　图 8-160

　　（13）新建图层并将其命名为"阴影 2"。选择钢笔工具 ，在图像窗口中绘制一个封闭的路径，如图 8-161 所示。按 Shift+F6 组合键，在弹出的"羽化选区"对话框中进行设置，如图 8-162 所示，单击"确定"按钮。按 Alt+Delete 组合键，用前景色填充选区。按 Ctrl+D 组合键，取消选区，效果如图 8-163 所示。

图 8-161　　　　　　　　　　　图 8-162　　　　　　　　　　　图 8-163

（14）在"图层"控制面板中，将"阴影 2"图层的"不透明度"选项设为 70%，如图 8-164 所示。按 Enter 键确认操作，效果如图 8-165 所示。按住 Ctrl 键的同时，单击"阴影 1"图层，将其同时选中，拖曳到"背景"图层的上方，图像效果如图 8-166 所示。果汁饮料包装效果制作完成。

图 8-164　　　　　　　　　　　图 8-165　　　　　　　　　　　图 8-166

3．制作包装展示效果

（1）按 Ctrl+O 组合键，打开本书云盘中的"Ch08 > 素材 > 制作果汁饮料包装 > 04"文件，如图 8-167 所示。

（2）按 Ctrl+O 组合键，打开本书云盘中的"Ch08 > 效果 > 果汁饮料包装.psd"文件。按住 Shift 键的同时，单击"高光"图层和"易拉罐"图层，将其同时选中。按 Ctrl+E 组合键，合并图层并将其命名为"效果"。选择移动工具 ⊕，在图像窗口中拖曳选中的图片到 04 素材的适当位置，并调整其大小和角度，效果如图 8-168 所示。

（3）按 Ctrl+J 组合键，复制"效果"图层，生成新的副本图层。在图像窗口中将复制的图片拖曳到适当的位置，并调整其大小和角度，效果如图 8-169 所示。选择"效果"图层。将前景色设为黑色。单击"图层"控制面板下方的"添加图层蒙版"按钮 ▢，为图层添加蒙版。

图 8-167　　　　　　　　　　　图 8-168　　　　　　　　　　　图 8-169

（4）选择画笔工具 ，在属性栏中单击"画笔"选项右侧的 按钮，弹出"画笔"面板，具体设置如图 8-170 所示，在图像窗口中单击以擦除不需要的图像。

（5）用相同的方法擦除"效果 副本"图层中不需要的图像，效果如图 8-171 所示。果汁饮料包装制作完成，效果如图 8-172 所示。

图 8-170

图 8-171

图 8-172

8.3.4 【相关工具】

1. 渐变工具

选择渐变工具 ，或反复按 Shift+G 组合键，其属性栏如图 8-173 所示。

图 8-173

：用于选择和编辑渐变的色彩。：用于选择渐变类型，包括线性渐变、径向渐变、角度渐变、对称渐变、菱形渐变。反向：用于反转色彩渐变的效果。仿色：用于使渐变更平滑。透明区域：用于产生不透明度变化。

单击"点按可编辑渐变"按钮 ，弹出"渐变编辑器"对话框，如图 8-174 所示，可以自定义渐变形式和色彩。

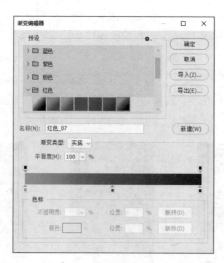

图 8-174

在"渐变编辑器"对话框中，单击颜色编辑框下方的适当位置，可以增加颜色色标，如图 8-175 所示。在下方的"颜色"选项中选择颜色，或双击刚建立的颜色色标，弹出"拾色器（色标颜色）"对话框，如图 8-176 所示，在其中设置颜色，单击"确定"按钮，即可改变色标颜色。在"位置"选项的数值框中输入数值或直接拖曳颜色色标，可以调整色标位置。

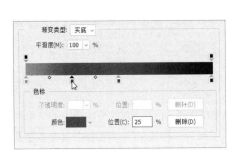

图 8-175

图 8-176

任意选择一个颜色色标，如图 8-177 所示，单击对话框下方的 删除(D) 按钮，或按 Delete 键，可以将颜色色标删除，如图 8-178 所示。

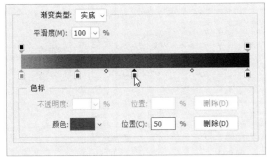

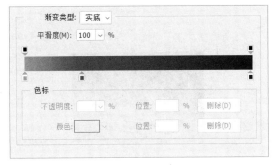

图 8-177

图 8-178

单击颜色编辑框左上方的黑色色标，如图 8-179 所示，调整"不透明度"选项的数值，可以使开始的颜色到结束的颜色显示为半透明的效果，如图 8-180 所示。

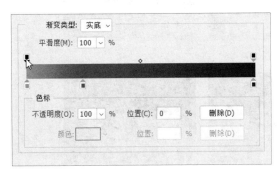

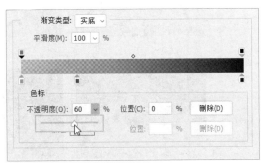

图 8-179

图 8-180

单击颜色编辑框的上方，出现新的色标，如图 8-181 所示，调整"不透明度"选项的数值，可以使新色标的颜色向两边的颜色出现过渡式的半透明效果，如图 8-182 所示。

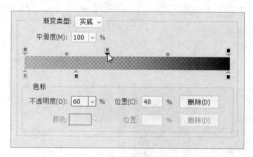

图 8-181

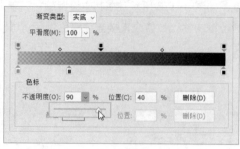

图 8-182

2．变形文字

选择横排文字工具 **T.**，在图像窗口中输入文字，如图 8-183 所示，单击属性栏中的"创建文字变形"按钮 **工**，弹出"变形文字"对话框，如图 8-184 所示，"样式"下拉列表中包含多种文字的变形效果，如图 8-185 所示。应用不同的变形样式后，效果如图 8-186 所示。

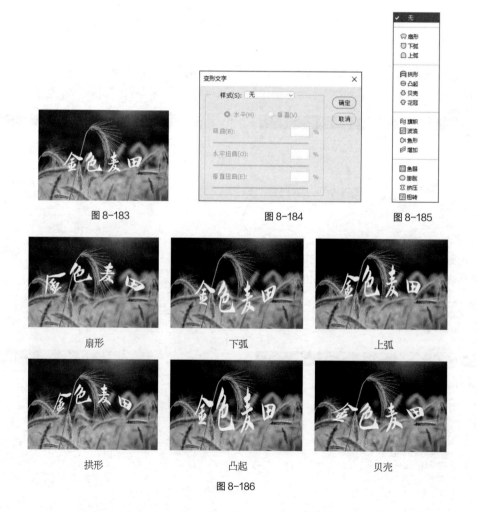

图 8-183　　　　图 8-184　　　　图 8-185

扇形　　　　下弧　　　　上弧

拱形　　　　凸起　　　　贝壳

图 8-186

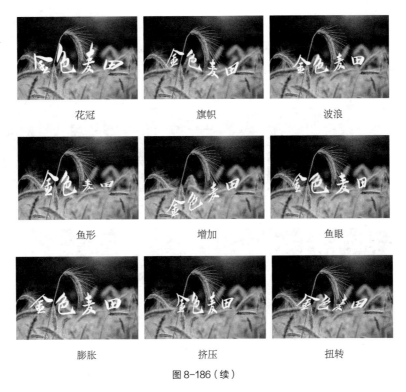

花冠	旗帜	波浪
鱼形	增加	鱼眼
膨胀	挤压	扭转

图 8-186（续）

如果要取消文字的变形效果，可以调出"变形文字"对话框，在"样式"下拉列表中选择"无"选项。

3."扭曲"滤镜

"扭曲"滤镜可以生成一组从波纹到扭曲图像的变形效果。"扭曲"命令的子菜单如图 8-187 所示。应用不同滤镜制作出的效果如图 8-188 所示。

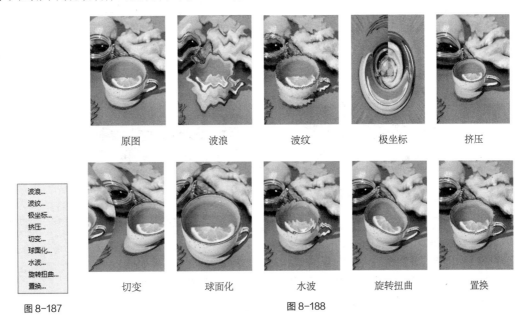

原图	波浪	波纹	极坐标	挤压
切变	球面化	水波	旋转扭曲	置换

波浪...
波纹...
极坐标...
挤压...
切变...
球面化...
水波...
旋转扭曲...
置换...

图 8-187   图 8-188

4．"渲染"滤镜

"渲染"滤镜可以在图片中产生不同的照明、光源和夜景效果。"渲染"命令的子菜单如图 8-189 所示。应用不同滤镜制作出的效果如图 8-190 所示。

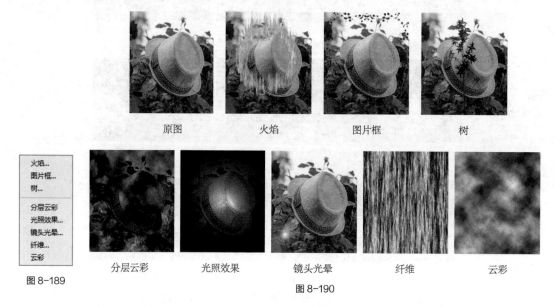

原图　　　　　火焰　　　　　图片框　　　　　树

图 8-189

分层云彩　　　光照效果　　　镜头光晕　　　纤维　　　　云彩

图 8-190

5．橡皮擦工具

选择橡皮擦工具 ，或反复按 Shift+E 组合键，其属性栏如图 8-191 所示。

图 8-191

抹到历史记录：用于以"历史记录"控制面板中确定的图像状态来擦除图像。

选择橡皮擦工具 ，在图像窗口中按住鼠标左键并拖曳，可以擦除图像。当图层为"背景"图层或锁定了透明区域的图层时，擦除的图像显示为背景色，效果如图 8-192 所示。当图层为普通图层时，擦除的图像显示为透明状态，效果如图 8-193 所示。

图 8-192

图 8-193

6．背景橡皮擦工具

选择背景橡皮擦工具 ，或反复按 Shift+E 组合键，其属性栏如图 8-194 所示。

图 8-194

限制：用于选择擦除界限。容差：用于设定容差值。保护前景色：用于保护前景色不被擦除。

选择背景橡皮擦工具 ，在属性栏中进行设置，如图 8-195 所示。在图像窗口中擦除图像，擦除前后的对比效果如图 8-196 和图 8-197 所示。

图 8-195

图 8-196

图 8-197

7．魔术橡皮擦工具

选择魔术橡皮擦工具 ，或反复按 Shift+E 组合键，其属性栏如图 8-198 所示。

连续：用于擦除当前图层中连续的像素。对所有图层取样：用于确认所有图层中待擦除的区域。

选择魔术橡皮擦工具 ，属性栏中的选项保持默认，在图像窗口中擦除图像，效果如图 8-199 所示。

图 8-198

图 8-199

8.3.5　【实战演练】制作苹果包装

使用图层混合模式制作纹理和二维码，使其与背景融合，使用矩形工具、剪贴蒙版和图层蒙版制作底图效果，使用椭圆工具和图层样式制作装饰图像，使用横排文字工具添加文本信息，使用"镜头光晕"滤镜制作光晕效果，使用"自由变换"命令制作斜切效果，使用渐变工具和不透明度制作包装的明暗变化。最终效果参看云盘中的"Ch08 > 效果 > 制作苹果包装 > 制作苹果立体展示.psd"，如图 8-200 所示。

制作苹果包装

图 8-200

8.4　综合演练——制作土豆片软包装

8.4.1　【案例分析】

脆乡食品有限公司是一家生产、销售和营销零食的食品企业，本案例是为其推出的土豆片设计制作软包装，要求突出产品的美味，并展示成品效果。

8.4.2　【设计理念】

在设计过程中，用橙黄色的背景营造阳光、快乐的氛围。以土豆和土豆片作为软包装封面的主要元素，强调原料和口味有所保障。海报中以软包装成品搭配土豆片雨特效及醒目文字，令人印象深刻。

8.4.3　【知识要点】

使用图层蒙版、画笔工具和图层的不透明度制作背景，使用矩形工具、移动工具、横排文字工具和"字符"控制面板制作包装平面图，使用钢笔工具和画笔工具制作包装立体效果，使用图层的混合模式制作图片融合效果。最终效果参看云盘中的"Ch08 > 效果 > 制作土豆片软包装.psd"，如图 8-201 所示。

制作土豆片软包装

图 8-201

8.5 综合演练——制作五谷杂粮包装

8.5.1 【案例分析】

好乐奇是一家以杂粮销售为主的公司，本案例是为其设计制作一款五谷杂粮包装，要求采用纸箱包装，并展示成品效果。

8.5.2 【设计理念】

在设计过程中，纸箱的背景采用红色系，象征着丰收和富足。纸箱正面以展示优质的五谷杂粮为主，配上以传统元素修饰的文字，贴合"民以食为天"的传统文化。在纸箱的侧面进行产品说明，令顾客放心。海报背景选用传统风格的图片，和纸箱包装风格一致，也和宣传主题呼应。

8.5.3 【知识要点】

使用"新建参考线"命令分割页面，使用钢笔工具绘制包装平面图，使用"羽化"命令和图层混合模式制作高光效果，使用添加图层样式按钮为文字添加特殊效果，使用矩形选框工具、"自由变换"命令制作包装立体效果。最终效果参看云盘中的"Ch08 > 效果 > 制作五谷杂粮包装 > 制作五谷杂粮包装合成效果.psd"，如图 8-202 所示。

图 8-202

微课

制作五谷杂粮包装 1

微课

制作五谷杂粮包装 2

09

第9章
综合设计实训

本章包括5个商业设计项目，分别来自不同的应用领域。通过演练，学生可以加深对商业设计要求的了解，拓宽设计思路，达到实战水平。

课堂学习目标

- 掌握 Banner 的设计思路和制作方法
- 掌握 App 页面的设计思路和制作方法
- 掌握 H5 页面的设计思路和制作方法
- 掌握海报的设计思路和制作方法
- 掌握包装的设计思路和制作方法

素养目标

- 培养学生的商业设计思维
- 培养学生的综合应用能力

9.1 Banner 设计——制作中式茶叶网站主页 Banner

9.1.1 【项目背景及要求】

1. 客户名称

栖茶。

2. 客户需求

栖茶是一家专注于生产和销售中式茶叶的公司，致力于传承和发扬茶文化，提供高质量的中式茶叶产品。现初春新茶上市，需要为网站设计一款主页 Banner，要求体现出春茶的特点。

3. 设计要求

（1）使用茶山实景图片作为背景，营造宁静致远的氛围。

（2）以春茶产品实物照片为前景主要元素，图文搭配合理。

（3）色调清新，给人以春天的感觉。

（4）设计规格均为 1920 像素（宽）×700 像素（高），分辨率为 72 像素/英寸。

9.1.2 【项目创意及制作】

1. 设计素材

图片素材所在位置：云盘中的"Ch09 > 素材 > 制作中式茶叶网站主页 Banner > 01~14"。

2. 设计作品

设计作品效果所在位置：云盘中的"Ch09 > 效果 > 制作中式茶叶网站主页 Banner.psd"，如图 9-1 所示。

微课

制作中式茶叶网站
主页 Banner

图 9-1

3. 步骤提示

（1）按 Ctrl+N 组合键，弹出"新建文档"对话框，设置宽度为 1920 像素，高度为 700 像素，分辨率为 72 像素/英寸，颜色模式为 RGB，背景内容为白色，单击"创建"按钮，新建文档。

（2）选择矩形工具 □，将属性栏中的"选择工具模式"选项设为"形状"，将填充颜色设为白色，在图像窗口中绘制一个与背景大小相同的矩形，"图层"控制面板中将生成新的图层"矩形 1"。

（3）单击"图层"控制面板下方的"添加图层样式"按钮 fx，在弹出的菜单中选择"渐变叠加"命令，在弹出的对话框中单击渐变选项右侧的"点按可编辑渐变"按钮 █████ ✓，弹出"渐变编辑器"对话框，将渐变颜色设为从绿色（152、197、192）到浅绿色（222、236、235），如图 9-2 所示，单击"确定"按钮。返回到"图层样式"对话框，其他选项的设置如图 9-3 所示。单击"确定"按钮，效果如图 9-4 所示。

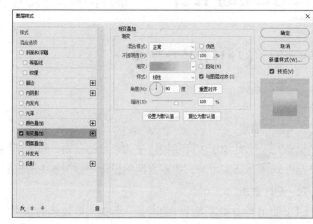

图 9-2   图 9-3

（4）选择"文件 > 置入嵌入对象"命令，在弹出的"置入嵌入的对象"对话框中选择本书云盘中的"Ch09 > 素材 > 制作中式茶叶网站主页 Banner > 01"文件，单击"置入"按钮，将 01 图像置入图像窗口中，并将其拖曳到适当的位置，按 Enter 键确认操作，效果如图 9-5 所示，"图层"控制面板中将生成新的图层，将其命名为"山 1"。

图 9-4   图 9-5

（5）在"图层"控制面板中，设置混合模式为"正片叠底"。将前景色设为黑色。单击"图层"控制面板下方的"添加图层蒙版"按钮 □，为图层添加蒙版。选择画笔工具 ✍，在属性栏中单击"画笔"选项右侧的 按钮，弹出"画笔"面板，具体设置如图 9-6 所示，在图像窗口中单击以擦除不需要的图像，效果如图 9-7 所示。

图 9-6   图 9-7

（6）用上述方法制作出图 9-8 所示的效果。

图 9-8

（7）选择横排文字工具 **T.**，在适当的位置输入需要的文字并选中文字。在"字符"控制面板中将"颜色"设为绿色（44、91、77），其他选项的设置如图 9-9 所示。按 Enter 键确认操作，效果如图 9-10 所示，"图层"控制面板中将生成新的文字图层。

图 9-9

图 9-10

（8）选择横排文字工具 **T.**，在适当的位置输入需要的文字并选中文字，在属性栏中选择合适的字体并设置文字大小，如图 9-11 所示。"图层"控制面板中将生成新的文字图层。

（9）单击"图层"控制面板下方的"添加图层样式"按钮 **fx.**，在弹出的菜单中选择"渐变叠加"命令，在弹出的对话框中单击渐变选项右侧的"点按可编辑渐变"按钮 ![]，弹出"渐变编辑器"对话框，将渐变颜色设为从绿色（52、128、80）到草绿色（132、171、105），如图 9-12 所示。单击"确定"按钮，返回到"图层样式"对话框，其他选项的设置如图 9-13 所示。单击"确定"按钮，效果如图 9-14 所示。

图 9-11

图 9-12

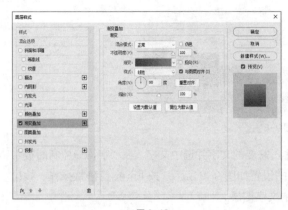

图 9-13 　　　　　　　　　　　　　　　　　图 9-14

（10）选择圆角矩形工具 ，将属性栏中的"选择工具模式"选项设为"形状"，将填充颜色设为红色（184、49、27），在图像窗口中绘制圆角矩形，"图层"控制面板中将生成新的图层"圆角矩形 1"。在"属性"控制面板中进行设置，如图 9-15 所示，图像窗口中的效果如图 9-16 所示。

（11）选择横排文字工具 ，在适当的位置输入需要的文字并选中文字，在属性栏中选择合适的字体并设置文字大小，如图 9-17 所示。"图层"控制面板中将生成新的文字图层。

图 9-15 　　　　　　　　图 9-16 　　　　　　　　图 9-17

（12）选择"文件 > 置入嵌入对象"命令，在弹出的"置入嵌入的对象"对话框中选择本书云盘中的"Ch09 > 素材 > 制作中式茶叶网站主页 Banner > 14"文件，单击"置入"按钮，将 14 图像置入图像窗口中，并将其拖曳到适当的位置，按 Enter 键确认操作，效果如图 9-18 所示，"图层"控制面板中将生成新的图层，将其命名为"茶叶"。中式茶叶网站主页 Banner 制作完成。

图 9-18

9.2 **App 页面设计——制作电商类 App 引导页**

9.2.1　【项目背景及要求】

1. 客户名称

装饰家具公司。

2. 客户需求

装饰家具公司是一家集家具研发、生产、销售与售后服务于一体的企业，现需要为该公司的 App
设计一个引导页，要求风格典雅，突出产品特点，使人产生购买的欲望。

3. 设计要求

（1）以居家实景图片为背景，生动、形象地展现公司主营业务。

（2）宣传语排版合理，既有变化，又风格统一。

（3）色调淡雅、温暖，营造幸福的居家感。

（4）设计规格均为 750 像素（宽）×1624 像素（高），分辨率为 72 像素/英寸。

9.2.2　【项目创意及制作】

1. 设计素材

图片素材所在位置：云盘中的"Ch09 > 素材 > 制作电商类 App 引导页 > 01~06"。

2. 设计作品

设计作品效果所在位置：云盘中的"Ch09 > 效果 > 制作电商类 App 引导页 1-3.psd"，如
图 9-19 所示。

图 9-19

3. 步骤提示

（1）按 Ctrl+N 组合键，弹出"新建文档"对话框，设置宽度为 750 像素，高度为 1624 像素，
分辨率为 72 像素/英寸，颜色模式为 RGB，背景内容为白色，单击"创建"按钮，新建文档。

（2）选择"文件 > 置入嵌入对象"命令，在弹出的"置入嵌入的对象"对话框中选择本书云盘
中的"Ch09 > 素材 > 制作电商类 App 引导页 > 01"文件，单击"置入"按钮，将 01 图像置入图

像窗口中，调整大小并将其拖曳到适当的位置，按 Enter 键确认操作，效果如图 9-20 所示。"图层"控制面板中将生成新的图层，将其命名为"底图"。

（3）单击"图层"控制面板下方的"添加图层样式"按钮 *fx.*，在弹出的菜单中选择"渐变叠加"命令，在弹出的对话框中单击渐变选项右侧的"点按可编辑渐变"按钮 ，弹出"渐变编辑器"对话框，将渐变颜色设为从黑色到黑色，将左侧的"不透明度色标"设为 10%，右侧的"不透明度色标"设为 30%，如图 9-21 所示，单击"确定"按钮。返回到"图层样式"对话框，其他选项的设置如图 9-22 所示。单击"确定"按钮，效果如图 9-23 所示。

  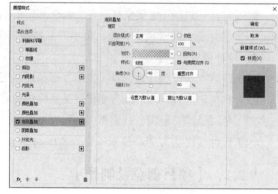

图 9-20　　　　　　　　　图 9-21　　　　　　　　　　　　　图 9-22

（4）选择"文件 > 置入嵌入对象"命令，在弹出的"置入嵌入的对象"对话框中选择本书云盘中的"Ch09 > 素材 > 制作电商类 App 引导页 > 02"文件，单击"置入"按钮，将 02 图像置入图像窗口中，并将其拖曳到适当的位置，按 Enter 键确认操作，效果如图 9-24 所示。"图层"控制面板中将生成新的图层，将其命名为"状态栏"。

图 9-23　　　　　　　图 9-24

（5）选择横排文字工具 *T.*，在适当的位置输入需要的文字并选中文字。在属性栏中选择合适的字体并设置适当的文字大小，设置文字颜色为白色，效果如图 9-25 所示。"图层"控制面板中将生成新的文字图层。

（6）选择"文件 > 置入嵌入对象"命令，在弹出的"置入嵌入的对象"对话框中选择本书云盘中的"Ch09 > 素材 > 制作电商类 App 引导页 > 03"文件，单击"置入"按钮，将 03 图像置入图像窗口中，调整大小并将其拖曳到适当的位置，按 Enter 键确认操作，效果如图 9-26 所示。"图层"

控制面板中将生成新的图层，将其命名为"状态栏"。

图 9-25　　　　　　　　　　　图 9-26

（7）按住 Shift 键的同时，单击"跳过"文字图层，将两个图层同时选中，如图 9-27 所示。按 Ctrl+G 组合键，编组图层并将其命名为"跳过"，如图 9-28 所示。

（8）选择横排文字工具 T.，在适当的位置分别输入需要的文字并选中文字。在属性栏中选择合适的字体并设置适当的文字大小，设置文字颜色为白色，效果如图 9-29 所示，"图层"控制面板中将生成新的文字图层。

图 9-27　　　　　　　　　图 9-28　　　　　　　　　图 9-29

（9）选择椭圆工具 ○.，将属性栏中的"选择工具模式"选项设为"形状"，按住 Shift 键的同时，在图像窗口中适当的位置绘制圆形，"图层"控制面板中将生成新的图层，将其命名为"第一页"。在"属性"面板中进行设置，如图 9-30 所示，图像窗口中的效果如图 9-31 所示。

（10）按 Ctrl+J 组合键，复制图层，并将图层重命名为"第二页"。在"图层"控制面板中，将"不透明度"选项设为 30%。在"属性"控制面板中进行设置，如图 9-32 所示，图像窗口中的效果如图 9-33 所示。

图 9-30　　　　　　　图 9-31　　　　　　　图 9-32　　　　　　　图 9-33

（11）按 Ctrl+J 组合键，复制图层，并将图层重命名为"第三页"。在"属性"控制面板中进行设置，如图 9-34 所示，图像窗口中的效果如图 9-35 所示。

图 9-34

图 9-35

（12）按住 Shift 键的同时，单击"第一页"图层，将两个图层及它们之间的所有图层同时选中。按 Ctrl+G 组合键，编组图层并将其命名为"滑块"。

（13）选择"文件 > 置入嵌入对象"命令，在弹出的"置入嵌入的对象"对话框中选择本书云盘中的"Ch09 > 素材 > 制作电商类 App 引导页 > 04"文件，单击"置入"按钮，将 04 图像置入图像窗口中，并将其拖曳到适当的位置，按 Enter 键确认操作，效果如图 9-36 所示。"图层"控制面板中将生成新的图层，将其命名为"Home Indicator"。

（14）用上述方法制作出图 9-37 和图 9-38 所示的效果。电商类 App 引导页制作完成。

图 9-36

图 9-37

图 9-38

9.3 H5 设计——制作食品餐饮行业产品营销 H5 页面

9.3.1 【项目背景及要求】

1. 客户名称

脆喵食品有限公司。

2. 客户需求

脆喵食品是一家专注于生产和销售各类坚果食品的企业，现需要为公司的年货促销活动设计制作一款 H5 页面，要求内容丰富，色调喜庆，能突出新年的氛围。

3．设计要求

（1）使用红色、暗金色作为页面主色调，烘托喜庆的氛围。

（2）以传统元素点缀画面，结合文字，突出年货促销活动的主题。

（3）重点展示丰富的产品和优惠信息，引发人们的购买欲望。

（4）设计规格均为 750 像素（宽）×1206 像素（高），分辨率为 72 像素/英寸。

9.3.2　【项目创意及制作】

1．设计素材

图片素材所在位置：云盘中的"Ch09 > 素材 > 制作食品餐饮行业产品营销 H5 页面> 01~12"。

2．设计作品

设计作品效果所在位置：云盘中的"Ch09 > 效果 > 制作食品餐饮行业产品营销 H5 页面.psd"，如图 9-39 所示。

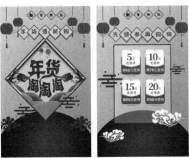

微课

制作食品餐饮行业
产品营销 H5 页面

图 9-39

3．步骤提示

（1）按 Ctrl+O 组合键，打开本书云盘中的"Ch09 > 素材 > 制作食品餐饮行业产品营销 H5 页面> 01"文件。选择"椭圆"工具，将属性栏中的"选择工具模式"选项设为"形状"，按住 Shift 键的同时，在图像窗口中适当的位置绘制圆形，"图层"控制面板中将生成新的图层"椭圆 1"。在"属性"控制面板中进行设置，如图 9-40 所示，图像窗口中的效果如图 9-41 所示。

图 9-40　　　　　　　　图 9-41

（2）单击"图层"控制面板下方的"添加图层样式"按钮，在弹出的菜单中选择"渐变叠加"命令，在弹出的对话框中单击渐变选项右侧的"点按可编辑渐变"按钮，弹出"渐变编辑器"对话框，将渐变颜色设为从红色（255、0、0）、深红色（124、0、0）到暗红色（78、0、0），如

图 9-42 所示，单击"确定"按钮。返回到"图层样式"对话框，其他选项的设置如图 9-43 所示。单击"确定"按钮，效果如图 9-44 所示。

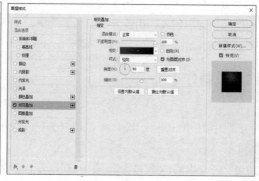

图 9-42　　　　　　　　　　　　　　图 9-43　　　　　　　　　　　　图 9-44

（3）选择"文件 > 置入嵌入对象"命令，在弹出的"置入嵌入的对象"对话框中选择本书云盘中的"Ch09 > 素材 > 制作食品餐饮行业产品营销 H5 页面> 02"文件，单击"置入"按钮，将 02 图像置入图像窗口中，调整大小并将其拖曳到适当的位置，按 Enter 键确认操作，效果如图 9-45 所示。"图层"控制面板中将生成新的图层，将其命名为"新年快乐"。

（4）选择矩形工具，将属性栏中的"选择工具模式"选项设为"形状"，在属性栏中将填充颜色设为黄色（255、207、126），描边颜色设为红色（193、5、6），"描边宽度"选项设为 8 像素，在图像窗口中适当的位置绘制矩形。"图层"控制面板中将生成新的图层"矩形 1"。在"属性"控制面板中进行设置，如图 9-46 所示，图像窗口中的效果如图 9-47 所示。

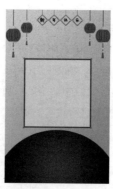

图 9-45　　　　　　　　　　图 9-46　　　　　　　　　图 9-47

（5）选择矩形工具，将属性栏中的"选择工具模式"选项设为"形状"，在属性栏中将"描边宽度"选项设为 12 像素，在图像窗口中适当的位置绘制矩形。"图层"控制面板中将生成新的图层"矩形 1"。在"属性"控制面板中进行设置，如图 9-48 所示，图像窗口中的效果如图 9-49 所示。

（6）按住 Shift 键的同时，单击"矩形 1"图层，将两个图层同时选中。按 Ctrl+T 组合键，图形的周围出现控制框，在属性栏中将"设置旋转"选项设为 45 度，按 Enter 键确认操作，图像窗口中的效果如图 9-50 所示。

图 9-48 　　　　　　图 9-49 　　　　　　图 9-50

（7）单击"图层"控制面板下方的"添加图层样式"按钮 *fx*，在弹出的菜单中选择"投影"命令，弹出对话框，将阴影颜色设为褐色（129、81、12），其他选项的设置如图 9-51 所示。单击"确定"按钮，效果如图 9-52 所示。

（8）选择"文件 > 置入嵌入对象"命令，在弹出的"置入嵌入的对象"对话框中选择本书云盘中的"Ch09 > 素材 > 制作食品餐饮行业产品营销 H5 页面> 03"文件，单击"置入"按钮，将 03 图像置入图像窗口中，并将其拖曳到适当的位置，按 Enter 键确认操作，效果如图 9-53 所示。"图层"控制面板中将生成新的图层，将其命名为"年货淘淘淘"。

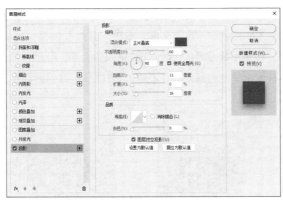

图 9-51 　　　　　　　　图 9-52 　　　　　　　　图 9-53

（9）选择"文件 > 置入嵌入对象"命令，在弹出的"置入嵌入的对象"对话框中选择本书云盘中的"Ch09 > 素材 > 制作食品餐饮行业产品营销 H5 页面> 04"文件，单击"置入"按钮，将 04 图像置入图像窗口中，并将其拖曳到适当的位置，按 Enter 键确认操作，效果如图 9-54 所示。"图层"控制面板中将生成新的图层，将其命名为"松树"。

（10）按 Ctrl+J 组合键，复制图层生成"松树 拷贝"图层。选择"编辑 > 变换 > 水平翻转"命令，将其水平翻转并将其拖曳到适当的位置，效果如图 9-55 所示。

（11）按住 Shift 键的同时，单击"矩形 2"图层，将两个图层及它们之间的所有图层同时选中。按 Alt+Ctrl+G 组合键，创建剪贴蒙版，效果如图 9-56 所示。

（12）选择"文件 > 置入嵌入对象"命令，在弹出的"置入嵌入的对象"对话框中选择本书云盘中的"Ch09 > 素材 > 制作食品餐饮行业产品营销 H5 页面> 05"文件，单击"置入"按钮，将 05 图像置入图像窗口中，调整大小并将其拖曳到适当的位置，按 Enter 键确认操作，效果如图 9-57 所示。"图层"控制面板中将生成新的图层，将其命名为"灯笼"。

图 9-54

图 9-55

图 9-56

图 9-57

（13）按住 Shift 键的同时，单击"矩形 1"图层，将两个图层及它们之间的所有图层同时选中。按 Ctrl+G 组合键，编组图层并将其命名为"标题"。

（14）选择"文件 > 置入嵌入对象"命令，在弹出的"置入嵌入的对象"对话框中选择本书云盘中的"Ch09 > 素材 > 制作食品餐饮行业产品营销 H5 页面> 06"文件，单击"置入"按钮，将 06 图像置入图像窗口中，将其拖曳到适当的位置，按 Enter 键确认操作，效果如图 9-58 所示。"图层"控制面板中将生成新的图层，将其命名为"祥云"。选择移动工具，按住 Alt 键的同时拖曳图像到适当的位置，以复制图像，效果如图 9-59 所示。

（15）选择"文件 > 置入嵌入对象"命令，在弹出的"置入嵌入的对象"对话框中选择本书云盘中的"Ch09 > 素材 > 制作食品餐饮行业产品营销 H5 页面> 07"文件，单击"置入"按钮，将 07 图像置入图像窗口中，并将其拖曳到适当的位置，按 Enter 键确认操作，效果如图 9-60 所示。"图层"控制面板中将生成新的图层，将其命名为"祥云 2"。选择移动工具，按住 Alt 键的同时拖曳图像到适当的位置，以复制图像，效果如图 9-61 所示。

图 9-58

图 9-59

图 9-60

图 9-61

（16）按住 Shift 键的同时，单击"祥云"图层，将两个图层及它们之间的所有图层同时选中。按 Ctrl+G 组合键，编组图层并将其命名为"装饰"。

（17）选择矩形工具，将属性栏中的"选择工具模式"选项设为"形状"，在属性栏中将填充设为黄色（255、207、126），描边颜色设为红色（193、5、6），"描边宽度"选项设为 4 像素，在图像窗口中适当的位置绘制矩形。"图层"控制面板中将生成新的图层"矩形 1"。在"属性"控制面板中进行设置，如图 9-62 所示，图像窗口中的效果如图 9-63 所示。

（18）按 Ctrl+T 组合键，图形的周围出现控制框，在属性栏中将"设置旋转"选项设为 45 度，按 Enter 键确认操作，图像窗口中的效果如图 9-64 所示。

图 9-62

图 9-63

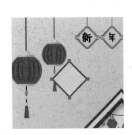

图 9-64

（19）单击"图层"控制面板下方的"添加图层样式"按钮 fx，在弹出的菜单中选择"投影"命令，弹出对话框，将阴影颜色设为褐色（129、81、12），其他选项的设置如图 9-65 所示。单击"确定"按钮，效果如图 9-66 所示。

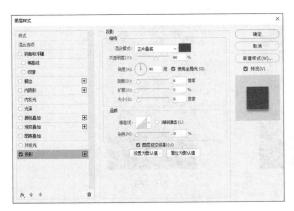

图 9-65

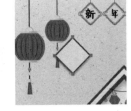

图 9-66

（20）按 Ctrl+J 组合键，复制图层生成"矩形 3 拷贝"图层。按 Ctrl+T 组合键，图形的周围出现控制框，按→键多次以移动图形到适当的位置，按 Enter 键确认操作，效果如图 9-67 所示。按 3 次 Ctrl+Shift+Alt+T 组合键，重复复制图形，效果如图 9-68 所示。

图 9-67

图 9-68

（21）选择横排文字工具 T，在适当的位置分别输入需要的文字并选中文字。在属性栏中选择合适的字体并设置适当的文字大小，设置文字颜色为白色，效果如图 9-69 所示。"图层"控制面板中将生成新的文字图层。

（22）选择"文件 > 置入嵌入对象"命令，在弹出的"置入嵌入的对象"对话框中选择本书云盘中的"Ch09 > 素材 > 制作食品餐饮行业产品营销 H5 页面> 08"文件，单击"置入"按钮，将 08 图像置入图像窗口中，并将其拖曳到适当的位置，按 Enter 键确认操作，效果如图 9-70 所示。"图层"控制面板中将生成新的图层，将其命名为"祥云 3"。选择移动工具 +，按住 Alt 键的同时拖曳图像到适当的位置，以复制图像，效果如图 9-71 所示。

图 9-69　　　　　　　　　　图 9-70　　　　　　　　　　图 9-71

（23）将"祥云 3"图层和"祥云 3 拷贝"图层拖曳到"矩形 3"图层的下方。选中文字图层，按住 Shift 键的同时，单击"祥云 3"图层，将两个图层及它们之间的所有图层同时选中。按 Ctrl+G 组合键，群组图层并将其命名为"年货提前购"

（24）用上述方法制作图 9-72 和图 9-73 所示的效果。食品餐饮行业产品营销 H5 页面制作完成。

图 9-72　　　　　　　　　　图 9-73

9.4　海报设计——制作传统文化宣传海报

9.4.1　【项目背景及要求】

1. 客户名称

北莞市展览馆。

2. 客户需求

古琴在我国传统文化中占有重要的地位，是传统文化中的瑰宝。本案例是为即将举办的古琴展览设计制作宣传海报，要求表现出古琴的历史底蕴和声韵之美。

3. 设计要求

（1）采用水墨画风格的背景，烘托悠远绵长的意境。

（2）使用古琴实物图片作为海报的主要元素，点明展览的主题。

（3）展览相关信息清晰明确。

（4）字体设计古朴、典雅，充满韵味。

（5）设计规格均为 21.6 厘米（宽）×29.1 厘米（高），分辨率为 150 像素/英寸。

9.4.2 【项目创意及制作】

1. 设计素材

图片素材所在位置：云盘中的"Ch09 > 素材 > 制作传统文化宣传海报 > 01~05"。

2. 设计作品

设计作品效果所在位置：云盘中的"Ch09 > 效果 > 制作传统文化宣传海报.psd"，如图 9-74
所示。

图 9-74

微课

制作传统文化
宣传海报

3. 步骤提示

（1）按 Ctrl+N 组合键，弹出"新建文档"对话框，设置宽度为 21.6 厘米，高度为 29.1 厘米，
分辨率为 150 像素/英寸，颜色模式为 RGB，背景内容为灰色（222、222、222），单击"创建"按
钮，新建文档，如图 9-75 所示。

（2）按 Ctrl+O 组合键，打开本书云盘中的"Ch09 > 素材 > 制作传统文化宣传海报 > 01~03"
文件，选择移动工具 ⊕，分别将图片拖曳到新建图像窗口中适当的位置，效果如图 9-76 所示。"图
层"控制面板中将分别生成新的图层，将它们命名为"山""线条 1""线条 2"，如图 9-77 所示。

图 9-75

图 9-76

图 9-77

（3）选择移动工具 ⊕，按住 Alt 键的同时，拖曳图片到适当的位置，复制图片，效果如图 9-78
所示。按 Ctrl+O 组合键，打开本书云盘中的"Ch09 > 素材 > 制作传统文化宣传海报 > 04"文件，
选择移动工具 ⊕，将图片拖曳到新建图像窗口中适当的位置，效果如图 9-79 所示。"图层"控制面
板中将生成新的图层，将其命名为"古琴"。

（4）单击"图层"控制面板下方的"创建新的填充或调整图层"按钮 ●，在弹出的菜单中选择"色
相/饱和度"命令，"图层"控制面板中将生成"色相/饱和度 1"图层，同时弹出"色相/饱和度"面

板，单击"此调整影响下面的所有图层"按钮 ，使其显示为"此调整剪切到此图层"按钮 ，其他选项的设置如图 9-80 所示。按 Enter 键确认操作，图像效果如图 9-81 所示。

图 9-78 　　　　　　图 9-79 　　　　　　图 9-80 　　　　　　图 9-81

（5）单击"图层"控制面板下方的"创建新的填充或调整图层"按钮 ，在弹出的菜单中选择"色阶"命令，"图层"控制面板中将生成"色阶 1"图层，同时弹出"色阶"面板，单击"此调整影响下面的所有图层"按钮 ，使其显示为"此调整剪切到此图层"按钮 ，其他选项的设置如图 9-82 所示。按 Enter 键确认操作，图像效果如图 9-83 所示。

（6）在"图层"控制面板中，按住 Shift 键的同时，将"色阶 1"图层和"古琴"图层及它们之间的所有图层同时选中，如图 9-84 所示。按 Ctrl+J 组合键，复制选中的图层，生成新的拷贝图层，如图 9-85 所示。

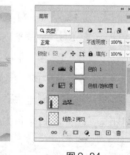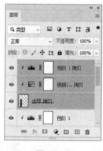

图 9-82 　　　　　　图 9-83 　　　　　　图 9-84 　　　　　　图 9-85

（7）按 Ctrl+T 组合键，图像周围出现变换框，单击属性栏中的"保持长宽比"按钮 ，按住 Alt 键的同时，拖曳右上角的控制手柄等比例缩小图像，并将其拖曳到适当的位置，效果如图 9-86 所示。

（8）按 Ctrl+O 组合键，打开本书云盘中的"Ch09 > 素材 > 制作传统文化宣传海报 > 05"文件。选择"移动"工具 ，将图片拖曳到新建的图像窗口中适当的位置，如图 9-87 所示。"图层"控制面板中将生成新的图层，将其命名为"标题"，如图 9-88 所示。传统文化宣传海报制作完成。

图 9-86 　　　　　　　　图 9-87 　　　　　　　　图 9-88

9.5 包装设计——制作冰淇淋包装

9.5.1 【项目背景及要求】

1. 客户名称

怡喜。

2. 客户需求

怡喜是一个冰淇淋品牌，产品包括多种口味的冰淇淋，如香草、抹茶、曲奇香奶、芒果、提拉米苏等，现推出新款草莓口味冰淇淋，需要为其设计制作一款独立包装，要求包装与产品契合，能展示出产品特色。

3. 设计要求

（1）整体色调清新、甜美，令人愉悦。

（2）包装上以草莓与冰淇淋球为主要元素，突出产品的特色。

（3）文字设计简洁，作为包装的点缀。

（4）设计规格为 200 毫米（宽）×160 毫米（高），分辨率为 150 像素/英寸。

9.5.2 【项目创意及制作】

1. 设计素材

图片素材所在位置：云盘中的"Ch09 > 素材 > 制作冰淇淋包装 > 01~06"。

2. 设计作品

设计作品效果所在位置：云盘中的"Ch09 > 效果 > 制作冰淇淋包装 > 冰淇淋包装展示效果.psd"，如图 9-89 所示。

制作冰淇淋包装 1　　制作冰淇淋包装 2

图 9-89

3. 步骤提示

（1）按 Ctrl+N 组合键，弹出"新建文档"对话框，设置宽度为 7.5 厘米，高度为 7.5 厘米，分辨率为 300 像素/英寸，颜色模式为 RGB，背景内容为白色，单击"创建"按钮，新建文档。

（2）选择椭圆工具 ◯，在属性栏的"选择工具模式"选项中选择"形状"，将填充颜色设为橘黄色（254、191、17），描边颜色设为无。按住 Shift 键的同时，在图像窗口中绘制圆形，效果如图 9-90 所示，"图层"控制面板中将成新的形状图层"椭圆 1"。

（3）按 Ctrl+J 组合键，复制"椭圆 1"图层，生成新的图层"椭圆 1 拷贝"。按 Ctrl+T 组合键，圆形周围出现变换框，按住 Alt+Shift 组合键的同时，以圆心为中心点向内缩小圆形，如图 9-91 所示。按 Enter 键确认操作，效果如图 9-92 所示。

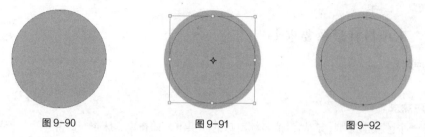

图 9-90　　　　　　　　　　图 9-91　　　　　　　　　　图 9-92

（4）单击"图层"控制面板下方的"添加图层样式"按钮 fx，在弹出的菜单中选择"投影"命令，在弹出的对话框中进行设置，如图 9-93 所示。单击"确定"按钮，效果如图 9-94 所示。

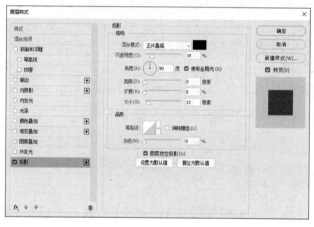

图 9-93　　　　　　　　　　　　　　　　图 9-94

（5）按 Ctrl+O 组合键，打开本书云盘中的"Ch09 > 素材 > 制作冰淇淋包装 > 01"文件，选择移动工具 ✛，将图片拖曳到新建图像窗口中适当的位置，效果如图 9-95 所示。"图层"控制面板中将生成新的图层，将其命名为"冰淇淋"。

（6）单击"图层"控制面板下方的"创建新的填充或调整图层"按钮 ◐，在弹出的菜单中选择"色阶"命令，"图层"控制面板中将生成"色阶 1"图层，同时弹出"色阶"面板，单击"此调整影响下面的所有图层"按钮 ⬗，使其显示为"此调整剪切到此图层"按钮 ⬗，其他选项的设置如图 9-96 所示。按 Enter 键确认操作，图像效果如图 9-97 所示。

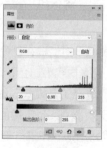

图 9-95　　　　　　　　　　图 9-96　　　　　　　　　　图 9-97

（7）单击"图层"控制面板下方的"创建新的填充或调整图层"按钮■，在弹出的菜单中选择"色相/饱和度"命令，"图层"控制面板中将生成"色相/饱和度 1"图层，同时弹出"色相/饱和度"面板，单击"此调整影响下面的所有图层"按钮■，使其显示为"此调整剪切到此图层"按钮■，其他选项的设置如图 9-98 所示。按 Enter 键确认操作，图像效果如图 9-99 所示。

图 9-98　　　　　　　　　　　　　图 9-99

（8）选中"色相/饱和度 1"图层的蒙版缩览图。将前景色设为黑色。选择画笔工具■，在属性栏中单击画笔选项右侧的·按钮，在弹出的面板中选择需要的画笔形状，如图 9-100 所示，在图像窗口中的草莓处进行涂抹以擦除不需要的颜色，效果如图 9-101 所示。

图 9-100　　　　　　　　　　　　　图 9-101

（9）选择横排文字工具■，在适当的位置分别输入需要的文字并选中文字，在属性栏中分别选择合适的字体并设置文字大小，设置文本颜色为红色（244、32、0），效果如图 9-102 所示，"图层"控制面板中将分别生成新的文字图层。

（10）选择"横排文字"工具■，在适当的位置分别输入需要的文字并选中文字，在属性栏中分别选择合适的字体并设置文字大小，按 Alt+←组合键，调整文字间距，设置文本颜色为棕色（81、50、30），效果如图 9-103 所示，"图层"控制面板中将分别生成新的文字图层。

图 9-102　　　　　　　　　　　　　图 9-103

（11）选择横排文字工具■，在适当的位置输入需要的文字并选取文字，在属性栏中选择合适的字体并设置文字大小，单击"居中对齐文本"按钮■，效果如图 9-104 所示，"图层"控制面板中将生成新的文字图层。

（12）按 Ctrl+O 组合键，打开本书云盘中的"Ch09 > 素材 > 制作冰淇淋包装 > 02"文件，选择移动工具 ⊕，将图片拖曳到新建图像窗口中适当的位置，效果如图 9-105 所示。"图层"控制面板中将生成新的图层，将其命名为"标志"。

图 9-104　　　　　　　　　　　图 9-105

（13）单击"背景"图层左侧的眼睛图标 ⊙，将"背景"图层隐藏，如图 9-106 所示，图像效果如图 9-107 所示。选择"文件 > 存储为"命令，弹出"另存为"对话框，将文件命名为"冰淇淋包装平面图"，保存为 PNG 格式。单击"保存"按钮，弹出"PNG 格式选项"对话框，单击"确定"按钮，导出为 PNG 格式。

图 9-106　　　　　　　　　　　图 9-107

（14）按 Ctrl+N 组合键，弹出"新建文档"对话框，设置宽度为 20 厘米，高度为 16 厘米，分辨率为 150 像素/英寸，颜色模式为 RGB，背景内容为紫色（198、174、208），单击"创建"按钮，新建文档。

（15）按 Ctrl+O 组合键，打开本书云盘中的"Ch09 > 素材 > 制作冰淇淋包装 > 03、04"文件，选择移动工具 ⊕，分别将图片拖曳到新建图像窗口中适当的位置，效果如图 9-108 所示。"图层"控制面板中将分别生成新的图层，将它们命名为"芝麻"和"叶子"，如图 9-109 所示。

图 9-108　　　　　　　　　　　图 9-109

（16）单击"图层"控制面板下方的"添加图层样式"按钮 fx，在弹出的菜单中选择"投影"命令，在弹出的对话框中进行设置，如图 9-110 所示。单击"确定"按钮，效果如图 9-111 所示。

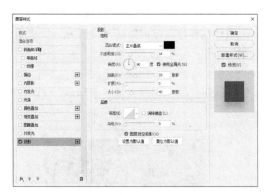

图 9-110   图 9-111

（17）单击"图层"控制面板下方的"创建新的填充或调整图层"按钮 ⊘ ，在弹出的菜单中选择"自然饱和度"命令，"图层"控制面板中将生成"自然饱和度 1"图层，同时弹出"自然饱和度"面板，单击"此调整影响下面的所有图层"按钮 ⊷ ，使其显示为"此调整剪切到此图层"按钮 ⊷ ，其他选项的设置如图 9-112 所示。按 Enter 键确认操作，图像效果如图 9-113 所示。

（18）按 Ctrl+O 组合键，打开本书云盘中的"Ch09 > 素材 > 制作冰淇淋包装 > 05"文件，选择移动工具 ⊕ ，将图片拖曳到新建图像窗口中适当的位置，效果如图 9-114 所示。"图层"控制面板中将生成新的图层，将其命名为"盒子"。

图 9-112   图 9-113   图 9-114

（19）单击"图层"控制面板下方的"添加图层样式"按钮 fx ，在弹出的菜单中选择"投影"命令，在弹出的对话框中进行设置，如图 9-115 所示。单击"确定"按钮，效果如图 9-116 所示。

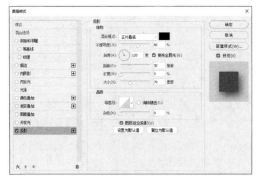

图 9-115   图 9-116

（20）选择"文件 > 置入嵌入对象"命令，弹出"置入嵌入的对象"对话框，选择本书云盘中的"Ch09 > 效果 > 制作冰淇淋包装 > 冰淇淋包装平面图.png"文件，单击"置入"按钮，置入图片，将其拖曳到适当的位置，并调整其大小，按 Enter 键确认操作，效果如图 9-117 所示。"图层"控制面板中将生成新的图层，将其命名为"冰淇淋包装"。

（21）按 Ctrl+O 组合键，打开本书云盘中的"Ch09 > 素材 > 制作冰淇淋包装 > 06"文件，选择移动工具 ，将图片拖曳到新建图像窗口中适当的位置，效果如图 9-118 所示。"图层"控制面板中将生成新的图层，将其命名为"草莓"。

图 9-117

图 9-118

（22）单击"图层"控制面板下方的"添加图层样式"按钮 ，在弹出的菜单中选择"投影"命令，在弹出的对话框中进行设置，如图 9-119 所示，单击"确定"按钮，效果如图 9-120 所示。冰淇淋包装制作完成。

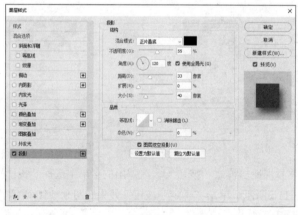

图 9-119

图 9-120